實驗就是在體驗「不可思議」！

哆啦A夢的漫畫中經常出現許多神奇的道具。可是，各位仔細想想我們現在生活的世界，也充滿很多以前的人看到會覺得不可思議的道具。這是因為隨著人類的文明逐漸發展，生活也變得越來越便利。

為什麼能夠這樣呢？

因為人類喜歡「不可思議」，一發現「不可思議」的事物就會覺得很有趣。

找出「不可思議」的事物，思考「為什麼」會這樣，嘗試「是不是因為這樣」，這就是實驗。

所謂的實驗，就是自主體驗「不可思議」的過程。

早在很久之前，許多人們反覆進行實驗，因此有了許多新發現，發明許多便利的東西。

未來的道具也是經過這樣日積月累的努力，才得以發明出來。

假如你也喜歡「不可思議」，請務必自己動手實驗看看，或許有一天也會做出哆啦Ａ夢的道具喔。

LEARNING WORLD

目錄

哆啦A夢 天才小達人 special

DORAEMON LEARNING WORLD

科學實驗好神奇

實驗
7

實驗
8

實驗
9

實驗
10
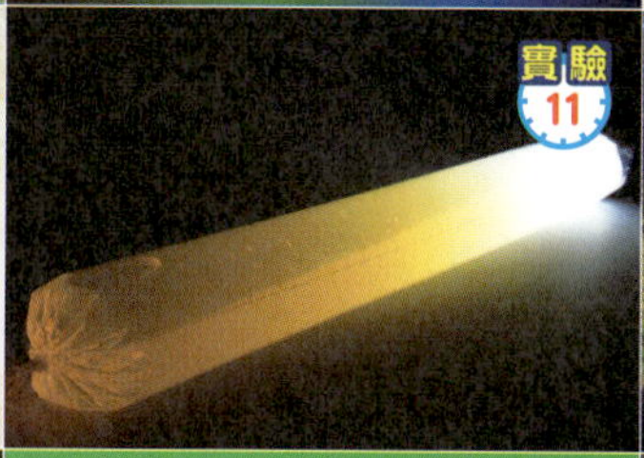
實驗
11

實驗
12

實驗
13

實驗
14

實驗
15

空氣的力量

結晶

電池

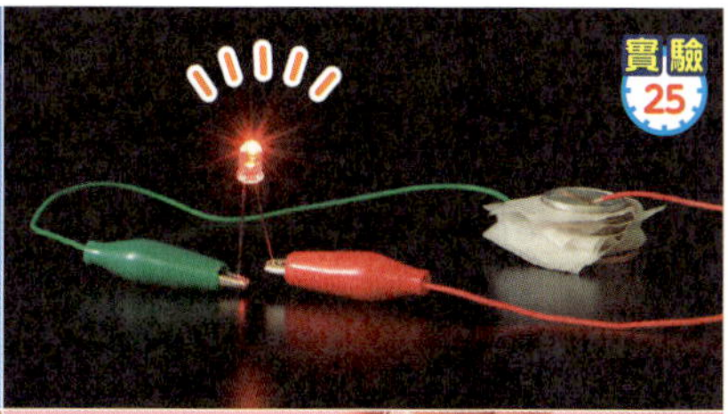

※本書中沒有特別標示的資訊，均為截至二〇二四年五月的資訊。

※本書刊登的漫畫，有部分與哆啦A夢〈科學任意門〉、〈知識大探索〉、〈天才小達人〉系列的漫畫重複。

※第1頁的漫畫均出自本書收錄的作品。上排從左到右依序是：〈實體放大鏡〉、〈漂浮棒棒糖〉、〈神槍手大賽〉，下排從左到右依序是：〈下雪機〉、〈捉迷藏蓮蓬頭〉、〈超級電池〉。

實驗的注意事項

相信各位都希望能夠開開心心做實驗，所以請務必遵守下列的提醒喔！

做實驗是很好玩的事情，不過方法或是步驟如果出錯，就很可能會發生意想不到的危險。請各位務必遵守各個實驗的頁面上，標示著紅色「**注意**」的警告內容，以便確實避免燙傷或是意外的發生。

寫給家長

儘管本書介紹的都是小學生也能輕鬆愉快進行的實驗，沒有高危險性的內容，但材料或步驟一旦出錯，很有可能發生意想不到的危險，因此請配合家中孩子的年齡與理解程度，在大人的監督下做實驗，避免讓孩子單獨進行。

尤其必須注意的重點

■**剪刀、美工刀等尖銳物品：**使用時要小心避免受傷。美工刀一用完，一定要順手把刀刃收起來。

■**熱水：**使用熱水的實驗要小心燙傷。擔心的話，可以請大人幫忙。

■**電池：**連接電池的時間過長，是造成電池發熱與損壞的原因。實驗一結束，務必要把電池拿掉。

■**磁鐵：**請勿用強力磁鐵夾著手指，避免發生危險。

■**乾冰：**絕對不可以徒手觸碰乾冰，一定要戴上乾爽的棉紗工作手套。

請勿將實驗道具和材料放置在年幼孩童可以觸碰到的地方。請留意避免孩童誤食實驗道具。

如何取得材料

多數用品都能在生活用品商店或五金行買到。其他取得地點，請見各實驗的「準備物品」說明。部分用品也可以在實驗器材的專賣店或網路商店等購得，請與父母一起找一找。

哆啦A夢

DORAEMON

天才小達人

LEARNING WORLD

special

科學實驗好神奇

捉迷藏蓮篷頭

暫時不到外面去是什麼意思？
我絕對不出去。
你做得到嗎？
好像很困難耶。
像這種時候，媽媽一定會叫我去買東西。
爸爸就會說天氣很好，到外面去玩吧！
囉哩囉嗦說一堆。
你看吧！

他們放棄走掉了。
就算發生火災、地震或是打雷，我也絕對不出去！
你不告訴我原因嗎？
有一個朋友車禍住院。
我們一起去看他，
回家的途中，胖虎說……
我在想啊……
※嚇
胖虎所想的一定不會是好事。
發生車禍，不只是別人的事。
我們應該從日常生活開始，好好訓練才對。
換句話說，身體一定得練到就算快被車撞到，也可以輕易避開才行。
要怎麼訓練啊？
隨時隨地都可以突然揍別人啊！
如果躲不開，就是自己的錯，誰叫他太大意了。

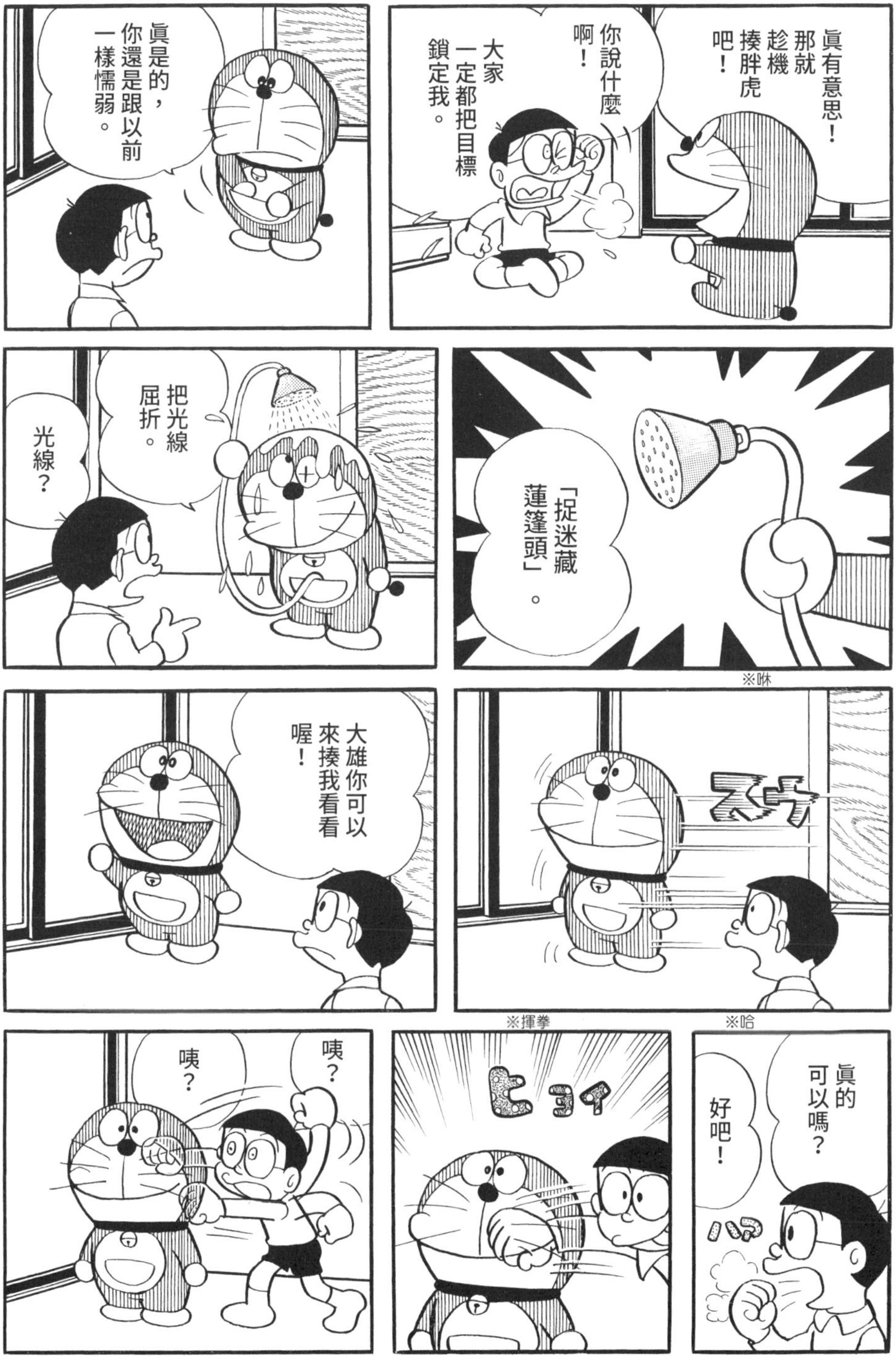
眞有意思！那就趁機揍胖虎吧！
你說什麼啊！
大家一定都把目標鎖定我。
眞是的，你還是跟以前一樣懦弱。
「捉迷藏蓮篷頭」。
把光線屈折。
光線？
※咻
大雄你可以來揍我看看喔！
眞的可以嗎？
好吧！
※哈
※揮拳
咦？
咦？

其實我並不在那裡。
我一直在你右邊。
這的確是哆啦A夢。
真正的哆啦A夢
幻影的哆啦A夢
光線屈折投射到眼睛
跟海市蜃樓的原理一樣。
投射在眼睛的光線，看起來像是由虛線方向過來的。
用清潔蓮蓬頭洗乾淨。
就回復正常了。
幫我淋上。
可以安心去散步了。

大家彼此互揍、互踢。
這樣的訓練好痛喔。
大家越來越謹慎了，眞不好玩。
大雄是怎麼了？竟然逃走，眞是太奸詐了。
來了！
還是跟以前一樣悠哉。
讓我來打他。
不，我來。
交給我好了。
吵死了！
大雄是我的獵物。
※揮拳
※揮空
※匡

※腫痛
？
？
？
可惡！
※落水
可惡的傢伙，氣死我了！
哈哈哈，真正的我在這裡啊。
好吧，這次換我還手吧！
好痛喔！
※踢中
※揍揍揍
竟敢踢我！
明明就不是我啊！

大家決定不再玩這種無聊的遊戲了。
那眞是太好了。
大雄，快點起來！
怎麼可以躺在走廊睡覺呢！
這孩子睡相眞差。
大雄在床上睡覺啊！
啊……忘記讓他用清潔蓮蓬頭沖洗了。

伸縮望遠鏡

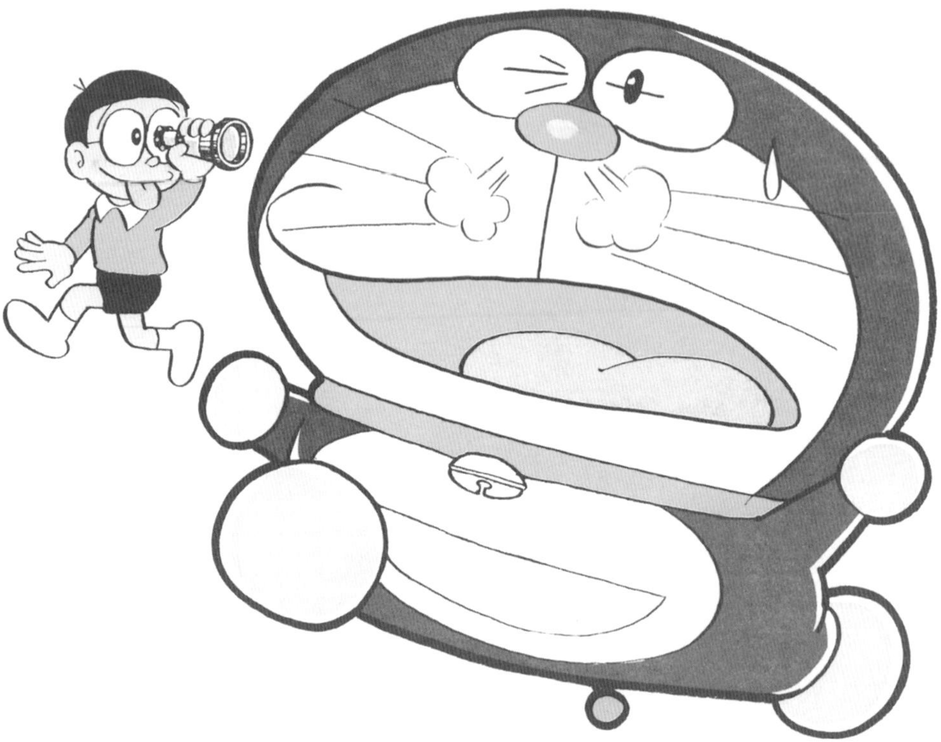

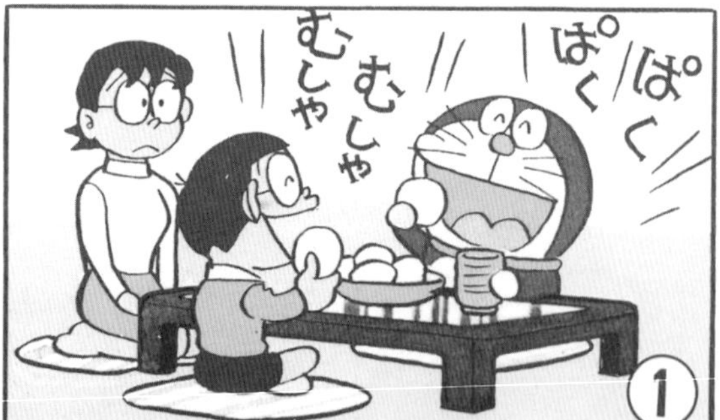
ぱくぱく
むしゃむしゃ

※狼吞虎嚥

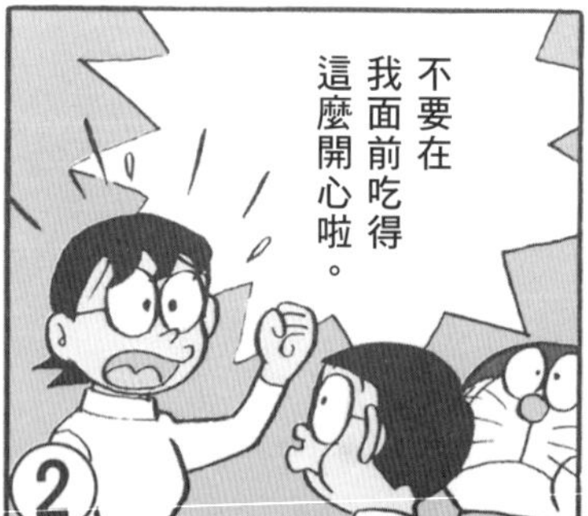
不要在我面前吃得這麼開心啦。

媽媽也一起吃啊。
不行，會變胖。
媽媽這陣子三餐也吃得很少呢。
真討厭。
怎麼又變胖了。
你們在偷看什麼啊？
媽媽肚子餓的時候很容易生氣呢。
真麻煩。
要是能讓媽媽瘦下來就好了。
「伸縮望遠鏡」。

這只是普通的望遠鏡嘛。
你試著往右邊轉轉看。
※轉
咦咦？你變瘦了耶。
連本人也變瘦了。
往左邊轉就會變胖。
くるっ
媽媽變瘦一定會很高興。
※轉
往左邊轉。

※肥厚
※崩裂、摔倒
你很笨耶，我來啦。
我這次不會再搞錯了。
咦？
媽媽不見了。
她去買東西了吧。
幸好她沒發現自己變胖。
要趕快讓她瘦回來。
靜香，你好啊。
阿姨，請問你是誰？
動作快點。

是往右邊轉喔，不要再搞錯了。
※轉
くる
啊。
都怪你亂摸，我才會瞄偏啦。
媽媽又不見了。
那是什麼啊？
借我玩。
我們現在要用啦。
你敢反抗我嗎？
這東西根本沒用嘛。
ぷく
※肥厚

38
嗚啊……
還來。
39
※搖搖晃晃
ひょろ
ひょろ
這樣他就沒辦法欺負人了。
40
我怎麼覺得……
身材好像又變胖了。
在這裡。
41
這次要向右轉……
42
※飄走
ふわり
你轉得太過頭了啦，笨蛋。

實驗 1

玩偶的身體上下錯開了！

困難度 ●○○

光的折射與反射

哆啦A夢的身體錯開了！這是用了什麼神祕道具嗎？其實這是只要用水就能做到的簡單實驗。

其實只是普通的哆啦A夢玩偶喔。

準備物品

玩偶

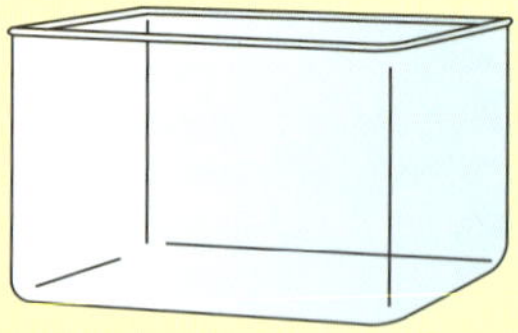

透明水箱

（生活用品店販售的飼養箱之類的箱子）和水

做法

將玩偶放入水槽裡，水裝到玩偶一半高度，接著從正側面看著玩偶。改變視線的高度和方向，看到的玩偶會有不同嗎？

為什麼看起來上下錯開？

這種現象稱為「光的折射」。在詳細說明原理之前，我們先來做幾個簡單的實驗。

實驗 2 偏折的吸管

困難度 ●○○

看起來是彎的！
把吸管斜插進水裡

插入碗裡的吸管看起來是彎的！會這樣也是因為光的折射喔。

準備物品

碗、水、吸管

實驗 3 出現的錢幣

困難度 ●○○

錢幣放進碗裡，把視線調整到剛好看不到錢幣的高度，在碗裡倒水。

倒入水之後，
就能看見了！
從這個角度
看不見碗底的錢幣

準備物品 碗、水、錢幣（10元等）

說明請見下一頁

能夠看見東西是因為光的反射

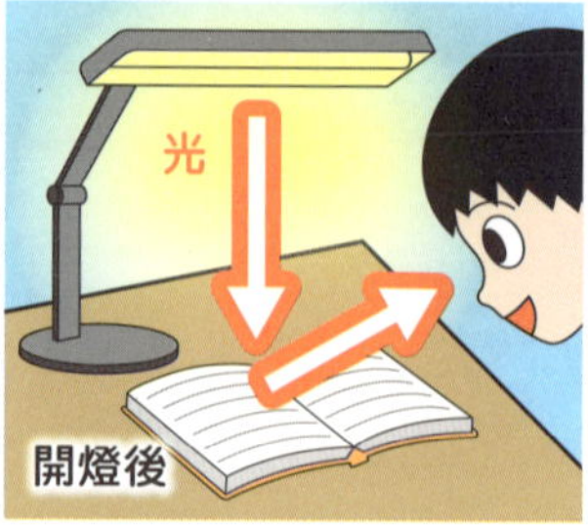

在說明實驗1至3看到的景象為什麼會改變之前，先來想想我們為什麼能夠看見東西。

當我們待在一片漆黑的環境裡，什麼也看不見，但只要將燈打開，就能夠看見四周的景物。這其實是因為太陽或電燈等發出的光在照射到物體後，反射進入眼睛的緣故。

光通過物質分界面時會偏折

光通常都是直線前進，但從空氣中進入水中時，你猜會變成什麼模樣？

如左圖所示，垂直進入水中的光不會偏折，但是斜向進入水中的光，會在水面發生偏折。相反的，光從水中進入空氣中的時候，也會發生偏折。

就像這樣，光在物質的分界面上發生偏折，就稱為「光的折射」。

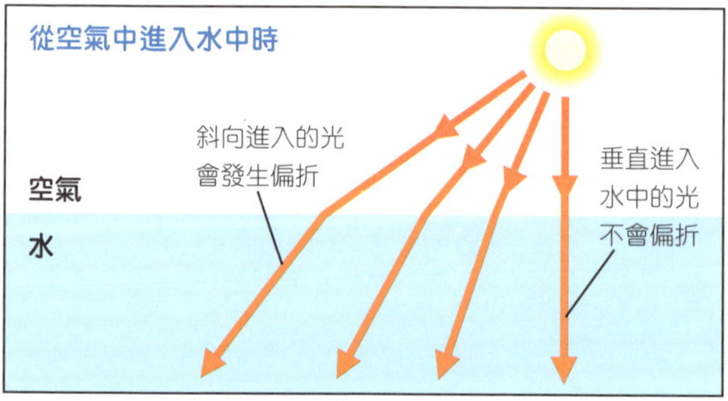

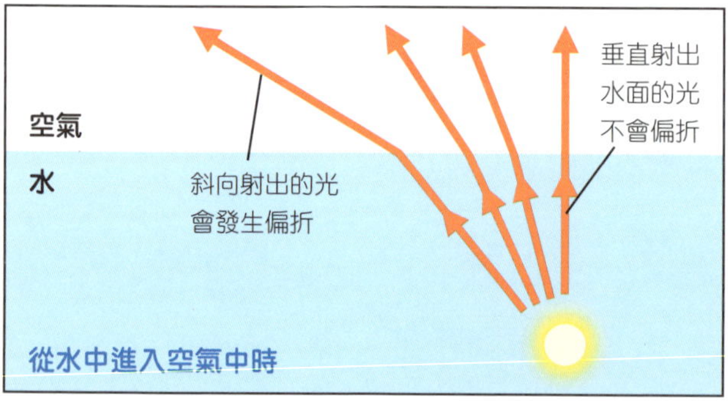

看到吸管偏折、錢幣浮現的原因

來自水中物體的光，在水面偏折後進入眼睛。但是人類的眼睛以為光是直線進來，藉由視線的回推，所以會判斷吸管和錢幣是在圖中虛線的位置。

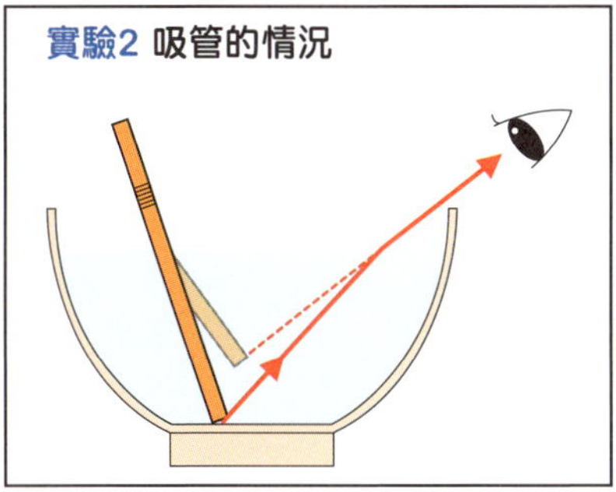

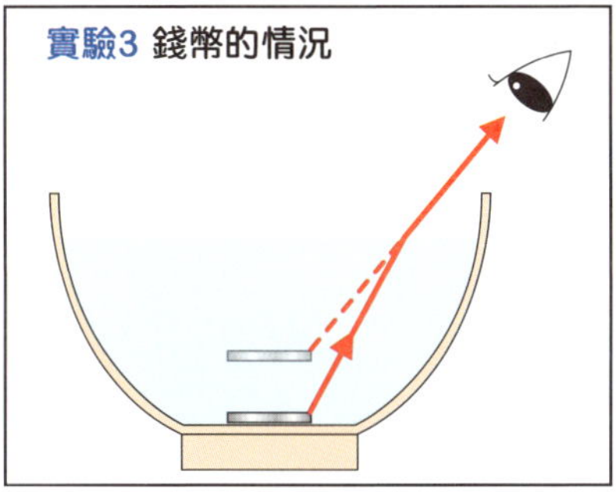

為什麼光會折射？

光為什麼會在物質的分界面發生偏折？那是因為光在不同的物質中前進的速度不同。以車子為例，車子在柏油路上前進順暢，但是開進沙地裡就很難前進，所以速度會減慢。如左圖所示，當車子斜向開進沙地，一開始只有一邊的輪胎進入沙地，速度變慢，但是另一邊的輪胎還在柏油路上，所以前進的路徑就會跟圖中一樣彎曲。

光也是一樣的道理，與在空氣中相比，光在水中的前進速度較慢，所以在兩者的分界面上，也就是水面，會發生折射。

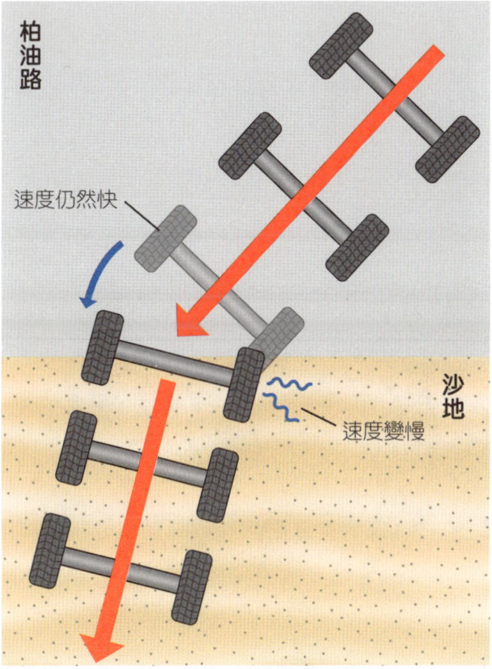

實驗 4 遇水消失的圖畫

困難度 ●●○

一泡進水裡，部分圖案就會消失，猶如變魔術般的實驗。

拿著透明披風的哆啦A夢圖案一泡進水裡……

奇怪？

哆啦A夢消失了！
離開水就會恢復原狀！

準備物品

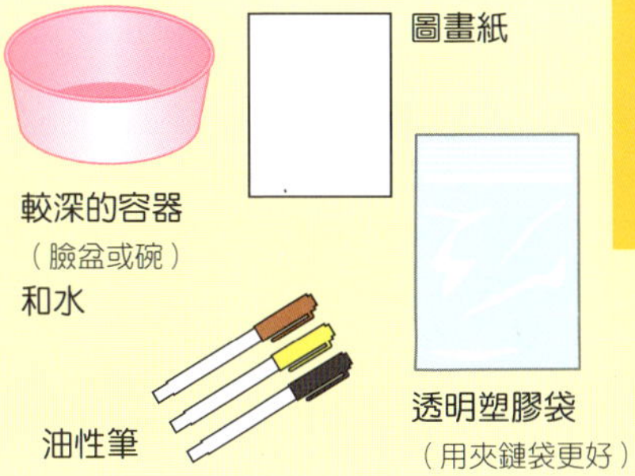

做法

1 在圖畫紙畫下泡水後會消失的圖案。

2 把圖畫紙裝進塑膠袋，在塑膠袋表面畫下泡水後能看見的圖案。

※畫好後，將袋口用透明膠帶封好（如果是夾鏈袋就能直接封好，不需要膠帶）。

3 把塑膠袋直挺挺放進水裡，從上方往下看。

關鍵是入水時要筆直向下，不可以斜向入水。

為什麼畫在紙上的圖案消失了？

仔細觀察放進水裡的塑膠袋，你會發現如左圖般，會變得像鏡子。因此，畫在塑膠袋表面的畫可以看到，袋內的畫卻看不見。

光走到物質與物質的分界面時，不僅會發生折射，也會造成反射。像透明塑膠袋這種內部襯有空氣膜的情況，當觀測者在水面正上方觀察時，從圖畫紙上圖案所發出的光線會無法進入水中，而全部像內面反射，稱為「全反射」，這將導致塑膠袋的外表面看起來像鏡子。

※「全反射」是國中理化、高中物理會詳細學習的單元。

▲在旁邊放上其他物品，就會更明顯看到透明塑膠袋變成鏡子了。

實驗 5 海市蜃樓現象的伸長人偶

困難度 ●●○

哆啦A夢他們的身體被拉長了！
這是光折射造成的「海市蜃樓」現象喔。

只是倒入水，
看起來很正常……

卻也能看起來
像這樣！

靜香的腿超長！

上面還有上下顛倒的頭！

拳頭變好大！

小夫的頭髮高高豎起！

準備物品

做法

1 將透明文件夾剪成適當的大小，捲成圓筒狀，插在漏斗末端。

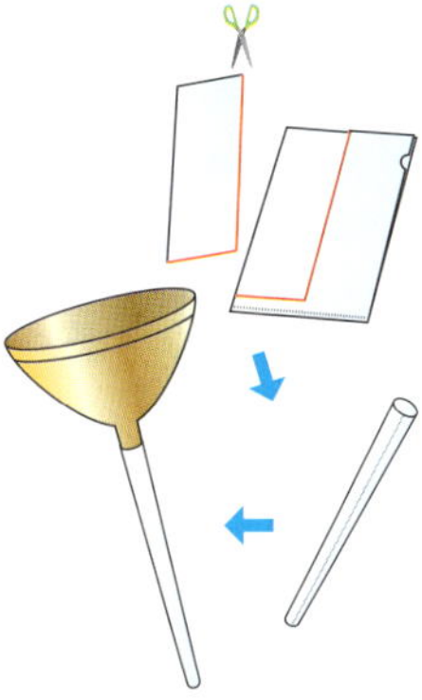

用透明膠帶固定。

2 在寶特瓶中裝入水和鹽，製作高濃度鹽水。

※蓋上瓶蓋用力搖晃混合。鹽必須加到無法完全溶解、會有部分殘留在瓶底。

※每公升的水在室溫攝氏二十五度，大約可以溶解三百六十公克的鹽。

3 在水槽裡先裝入將近一半的水，再以漏斗加入鹽水。

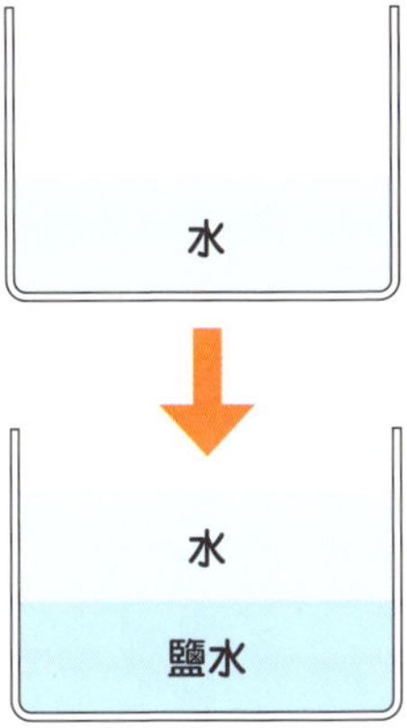

漏斗延長管末端必須貼近水槽底部，加入和水約等量的鹽水。

※倒入鹽水的速度要緩慢，避免鹽水與水混合。鹽水比較重，所以會形成上半層是水、下半層是鹽水的分層狀態。

4 把玩偶擺在水槽正後方，從正前方看過去。

隔著水槽的水看玩偶，就會看到玩偶伸長、上下顛倒、形狀扭曲的模樣。視線角度和距離不同，看到的景象也會不同，各位試一試吧！

水與鹽水使光彎曲！

液體的濃度不同時，光也會發生折射，因為光在鹽水中前進的速度比在水中慢。如果是進出水和鹽水，兩者在分界面上會稍微混合在一起，越往下鹽水的濃度越高，因此光不是偏折，而是彎曲的曲線。

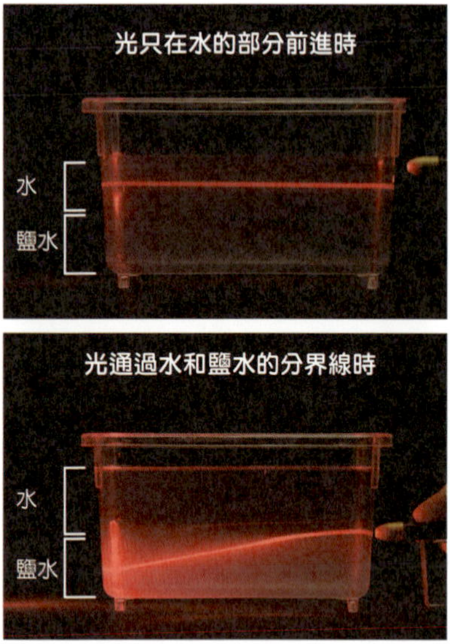

▲如上圖所示，紅光只通過水的部分時，是直線前進，通過下圖的鹽水分界面時就會彎曲。

為什麼看到伸長、上下顛倒的影像？

在實驗5中，來自玩偶的光進入眼睛的路徑是逐漸彎曲，但是人類的眼睛以為光是直線進來的，所以也以為人偶就在光筆直延伸出去的前方，就跟哆啦A夢的道具「捉迷藏蓮蓬頭」的原理一樣。

光通過鹽水濃度逐漸改變的區域時，會形成平緩的曲線，所以玩偶看起來向上拉長了。光通過鹽水濃度急遽改變的區域會大幅度彎曲，因此來自玩偶頭頂與腳下的光上下顛倒，玩偶看起來也就上下顛倒了。

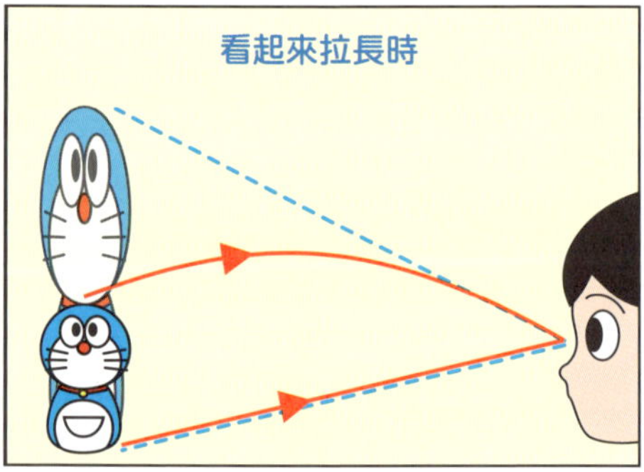

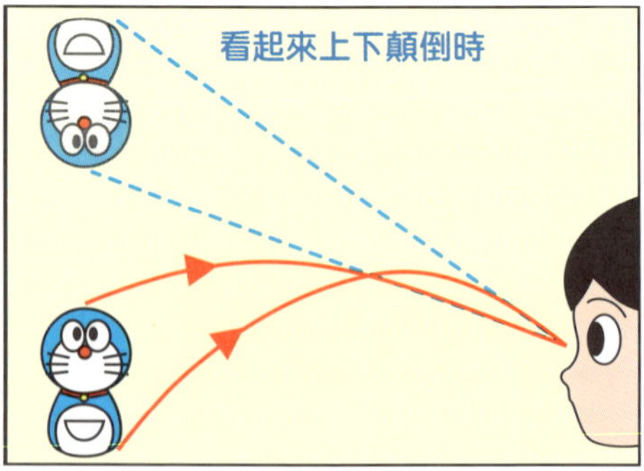

為何會看到「海市蜃樓」？

海市蜃樓是不可思議的現象，遠方的景物看起來會拉長或上下顛倒。左邊的三張照片是實際的海市蜃樓景象，形成的原因來自於空氣的溫差。光在冷空氣裡前進的速度比在暖空氣裡慢，因此光在通過兩種不同溫度的空氣分界面時，就會如右頁說明的水與鹽水一樣，光會彎曲進入眼裡。

當上層空氣溫暖，而下層空氣冰冷時，在實際景物上方就會看到拉長或上下顛倒的景象。相反的，當下層的空氣溫暖，而上層的空氣冰冷時，在實際景物下方，有時也會出現海市蜃樓。

下一頁介紹的「虛幻水光」也是這種現象的其中一個例子。

平常的景色
出現在上方的海市蜃樓
可看到上下拉長的景物上方，有上下顛倒的景色相連。
出現在下方的海市蜃樓
橋的下方可看到上下顛倒的橋相連。

影像提供／日本魚津埋沒林博物館。這是一所位在日本富山縣，可深入認識海市蜃樓之奧祕的博物館喔。

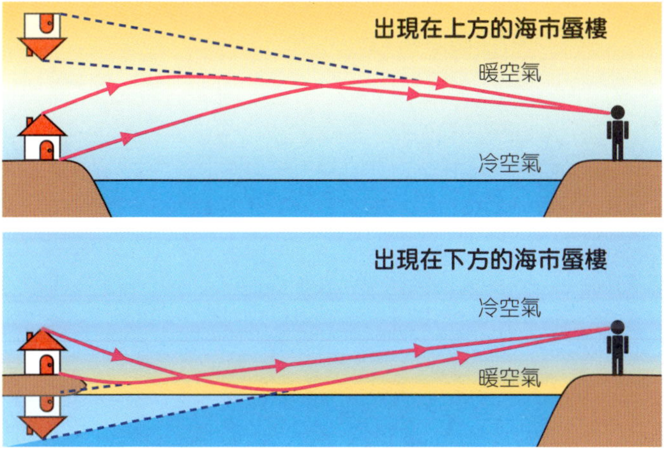

海市蜃樓引起的有趣氣象現象

地平線上西沉的夕陽底下連接著半圓的太陽，樣子就像「不倒翁太陽」，這是冬季常見的海市蜃樓景象。形成的原因是海面附近的暖空氣與其上方的冷空氣之間的溫差，使得光產生折射。

另外，夏季有時在酷熱的陽光下，會看到遠處的路面上有水，這種「虛幻水光」也是一種海市蜃樓現象。夏季太陽曝晒的道路十分炎熱，因此靠近地面的空氣與其上方的空氣產生溫差，使得光產生折射。看起來像有水，其實是遠方景物與天空的倒影。

不倒翁太陽　照片：T3K/PIXTA

虛幻水光　照片：iLand/PIXTA

地平線的太陽其實已經下沉？

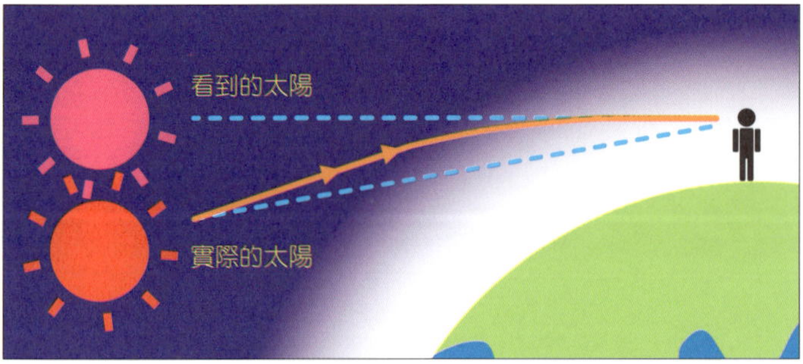

各位見過傍晚夕陽西沉的場景吧？但是你知道嗎，當我們看到太陽下緣碰到水平線或地平線的時候，其實太陽早已沉下去了。

地球越接近高空，空氣就越稀薄，而光在空氣稀薄的地方前進的速度比在空氣濃厚的地方快，所以光會彎曲進入眼睛。也因此，當我們看到太陽在地平線附近時，太陽真正的位置實際上比地平線更低，這個原理就跟海市蜃樓一樣。所以，我們看到的太陽其實已經沉下去了。

切換式時光望遠鏡

怎麼了？
這麼晚了還在外頭鬼混。
咦……又是你害胖虎隊輸球。
所以被胖虎修理了。
居然偷跑出去!!
作業寫完才能吃飯。
對了，
總是給很多零用錢的叔叔來了。
咦？他來啦!?
是來了，不過剛剛走了。
早知道我就不去打棒球了。
這樣啊……
早知道就不去啦。

「切換式時光望遠鏡」。
你是什麼時候出門的？
三點二十分。
調整時間……
看到那時候的你了。
今天要好好加油！
被罵我可不管喔。
這裡我記得。
之後我就不顧一切出門了。
如果沒出去，會怎樣呢？
カチャ
※喀嗒
你看。

偶爾也來讀個書吧！
最近成績有點下降……
好認真啊，休息一下吧！
喔～了不起。
給你零用錢。
你們這群傢伙!!
會輸球都是你們害的!!
還好我沒去。
就是這樣。
哇啊～太可惜了。
要是我能早點知道就好了。

只要……調整時間，就能知道未來的事了。
那麼……如果不寫作業而去睡覺的話會怎樣？
隔天早上……
哇啊！一題也沒寫。
怎麼辦!?
所以要好好寫啊。
那麼，如果好好寫又會怎樣？
呼啊……趴在桌上睡到早上了。
反正一樣，乾脆不寫來睡覺好了。
早上了，起床囉！
哇啊！一題也沒寫。怎麼辦!?
你明明早就知道會這樣。

我只是想說說看罷了。
更何況今天是星期日，晚上再寫就好了。
去吃早餐吧！
先等等。
既然有這個道具……
我想看看再睡一會……
跟馬上起床，哪個比較好？
先看馬上起床的狀況。
哇～真難得。
不用我叫就起床了。
今天全家一起去看電影吧！
感覺很棒。
所以快去吃早餐吧！
等等～
我想確認一下看什麼電影。
快走吧～
要去餐廳吃飯。
晚上才出門。

晚上才出門啊。
在那之前要怎麼過呢？
我先去吃了。
喔……胖虎來了。
人數不夠。
只好來找你，馬上過來。
ジリリリン
※鈴鈴鈴
啊，靜香。
問我現在要不要過去玩？
胖虎跟靜香……
哪個好!?
當然是靜香。
話雖這麼說，為了以防萬一……
到靜香那裡會怎樣？

開心的玩耍。
グラ
※摔
ガチャ
※匡啷
這個花瓶要幾百萬耶！
再見。
ドシン
※撞
哇啊！
ガッチャ
ドンガラ
※咚匡、嘎鏘
原來會有這種下場。
算了。
去打棒球好了。

人也有走運的時候。
攻守都十分活躍。
大雄真是太棒了。
多虧你我們才能獲勝。
差不多該出門了。
電影也好好看喔。
愉快的一餐。

真是快樂的一天。
結局是這樣啊。
那我得趕快起床囉！
媽媽～
早餐呢？
都過中午了!!
居然睡到現在，我不理你了!!
應該先用時光望遠鏡調查……
借給大雄會有什麼下場。

實體放大鏡

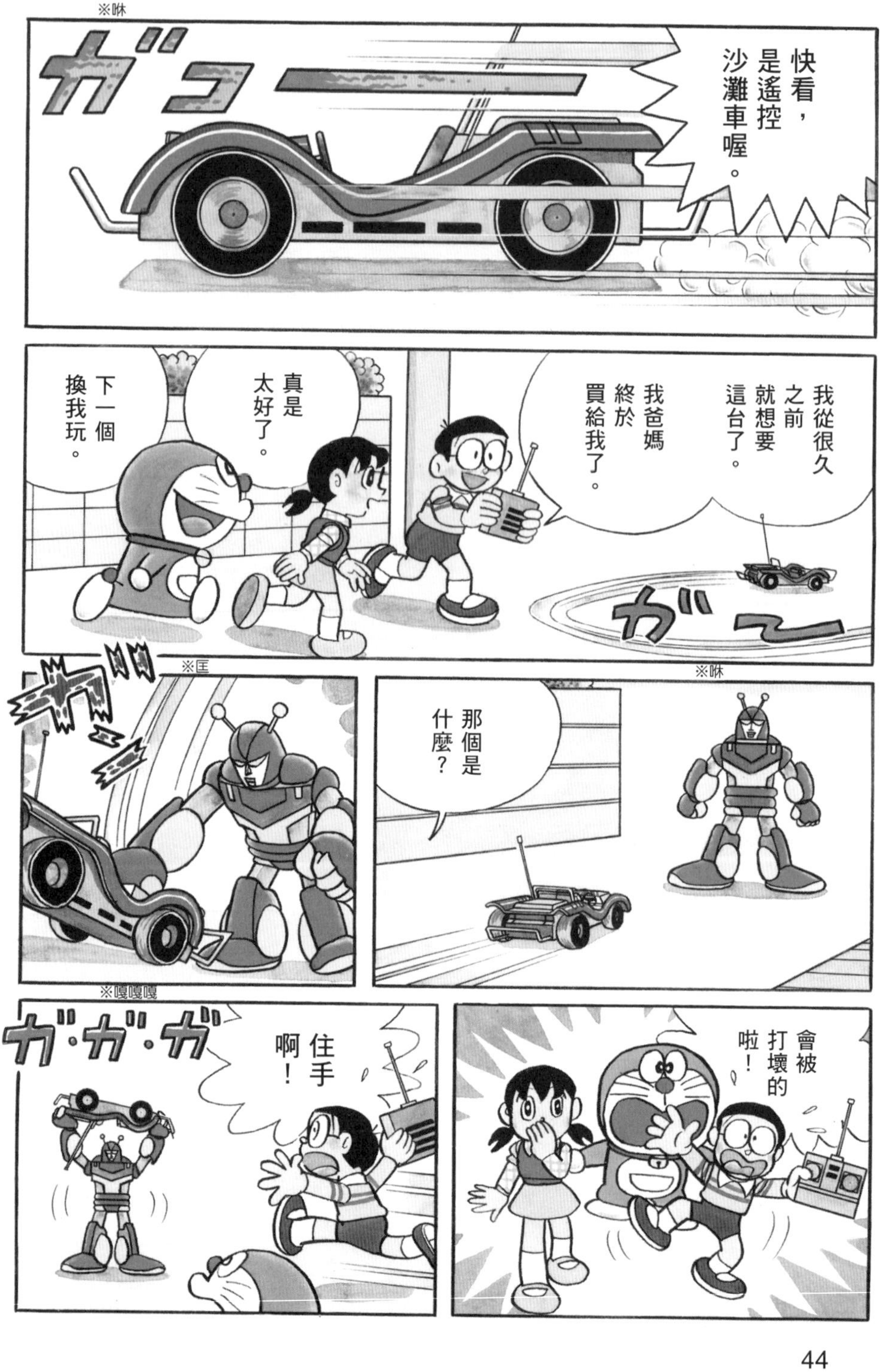
※咻
快看，是遙控沙灘車喔。
我從很久之前就想要這台了。
我爸媽終於買給我了。
真是太好了。
下一個換我玩。
※咻
那個是什麼？
※匡
會被打壞的啦！
住手啊！
※嘎嘎嘎

※乓

這可是小吉哥做給我的遙控機器人。
很帥氣吧！
ぽい
遙控沙灘車啊。
這我在幼稚園的時候就玩膩了。
回家吧！
我把眼鏡放到哪裡去了呢？
沒有眼鏡，我連報紙都看不了。
那麼就用……
「實體放大鏡」。
這不是很普通嗎？不論用哪種放大鏡都會把東西放大啊。
是真的會變大喔。

來看報紙。
你看，逐漸變大了吧！只要看得越久，就會變得越大。
這麼大就能看得清楚了。
好厲害的放大鏡。
是嗎？
譬如說拿來觀察銅鑼燒……
變大後，就夠兩個人吃了。
原來如此。

想到了!!
把沙灘車放大，開車兜風吧！
一定很有趣。
這樣就能坐了。
由我來駕駛。
カチ
※喀喳
ぐぐっ
※滾滾
ガッ
※咻
邀請靜香一起去兜風吧！

加速加速再開快一點。
在草原上盡情奔馳吧！
呀呼——
氣球卡在樹枝上了。
把氣球放大……
來個飛天之旅。

原來用這個，東西就會變大啊？
把遙控機器人變大……
那邊是我家喔。
看得到我家呢。
呀啊！
它竟然擅自動起來了啊！

實驗 6

一起來做放大鏡相機

困難度 ●●○

透鏡

透過這個看到的景象是上下顛倒喔！原理就與真正的相機一樣。

真正的景色

看起來是上下顛倒！

準備物品

牛奶盒1個

放大鏡1個

※焦距約10公分的商品。市售的兒童用放大鏡多半是這個焦距。

超市等商店的半透明塑膠袋

（小吃店等裝熱食的耐熱袋）

※使用描圖紙也可以。

黑色圖畫紙2張

（A4尺寸大小）

（如果紙是光線無法通過的厚度，不是黑色也可以）

剪刀

透明膠帶

焦距的測量方式

用直尺測量。大致的數字即可。

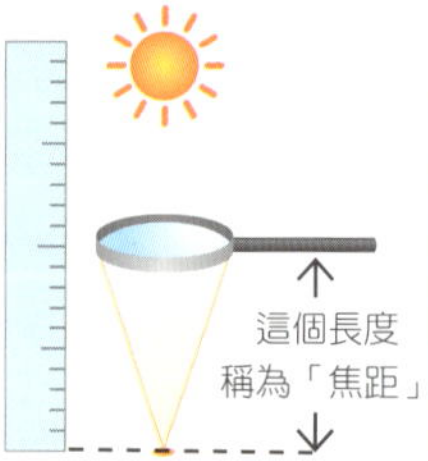

注意

絕對不可以透過放大鏡看太陽，否則恐造成失明。

※若附近有易燃的紙類等物品，很可能燒焦或起火，必須小心！

做法

1 把牛奶盒的上下剪開。

上面是由距離牛奶盒折線以上約1公分的地方剪下。圖中的紅線部分也剪開。

2 半透明塑膠袋剪成約10公分×10公分的大小，貼在牛奶盒上，當作螢幕。

牛奶盒上方預留的1公分往內折。

用透明膠帶固定。塑膠袋要貼平整，避免出現皺摺。

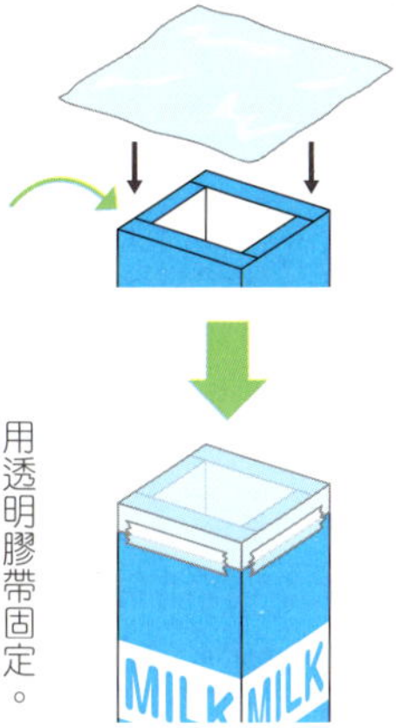

3 用黑色圖畫紙繞牛奶盒一圈包起來，當作外盒。

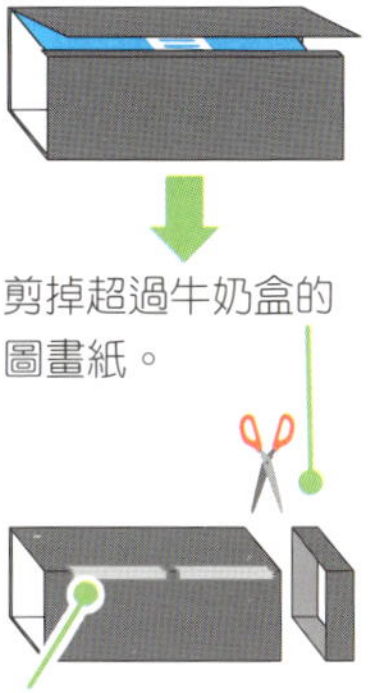

剪掉超過牛奶盒的圖畫紙。

用透明膠帶固定後，抽出牛奶盒。

4 外盒前側的四個角落剪開約1公分，往內折。

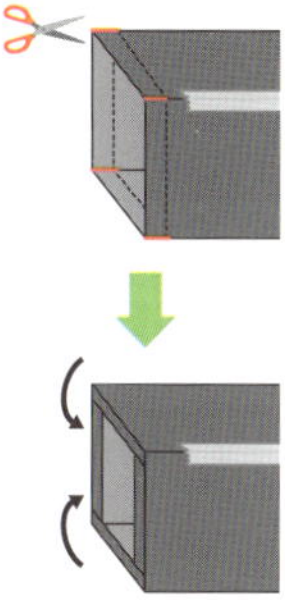

5 用黑色圖畫紙剪出約7公分×7公分（配合外盒大小）的正方形，在正中央開洞，洞要比放大鏡稍微小一點。

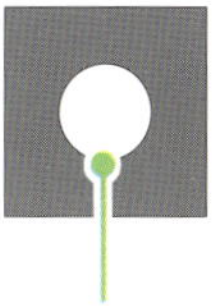

比放大鏡小一點的洞

6 把5用透明膠帶黏貼在外盒的前側。

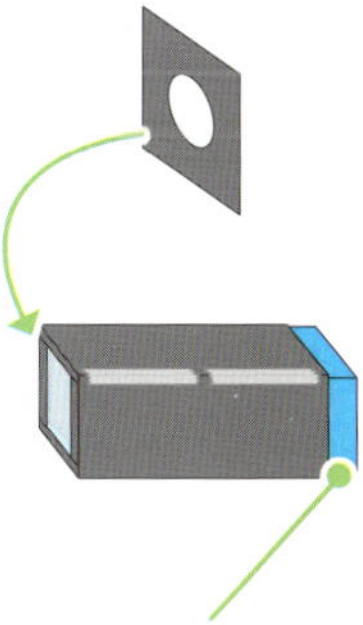

牛奶盒塞入外盒，有塑膠袋螢幕那面朝外。

7 放大鏡對準外盒的洞，用透明膠帶固定就完成了。

用透明膠帶固定

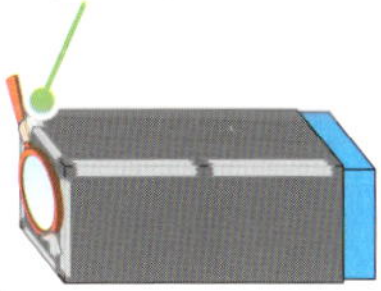

滑動黑色外盒對焦。

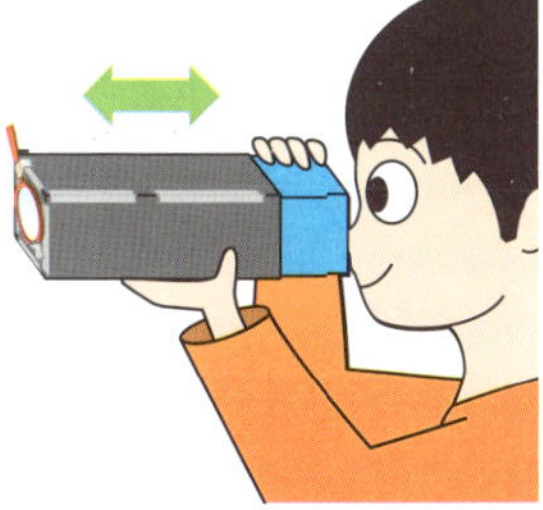

為什麼看起來上下顛倒？

用放大鏡看近物時會變大。但是眼睛遠離放大鏡並透過放大鏡看向遠處的景物時，看到的景物就會是上下顛倒。各位拿起放大鏡實際試試看。

放大鏡的鏡片稱為凸透鏡，正中央是凸起的形狀。光進入透鏡產生折射，就會如下圖所示集中在一點。這一點稱為「焦點」，光會通過焦點繼續前進。

使用實驗6的放大鏡相機看景物時，來自遠處物體的光通過透鏡後，就會跟下圖Ⓐ一樣發生折射，穿過焦點，倒映在螢幕上。此時我們就會看到上下左右顛倒的景象。

遠處的東西上下顛倒
近處的東西變大

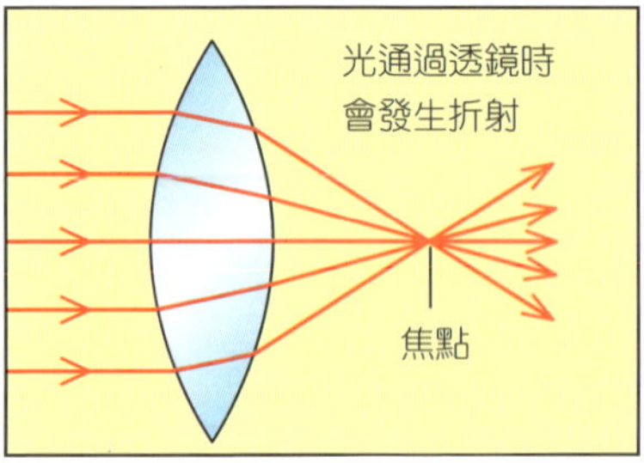
光通過透鏡時會發生折射
焦點

用放大鏡看近物時也是，來自物體的光通過透鏡後同樣發生折射（圖Ⓑ）。但是，人腦判斷進入眼睛的光是直線進來，因而以為物體在圖中虛線延伸出去的位置，所以看到的物體會形成正立放大的虛像。

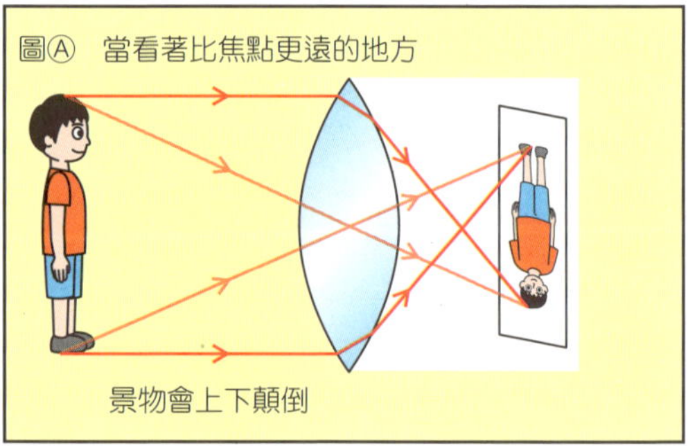
圖Ⓐ　當看著比焦點更遠的地方
景物會上下顛倒

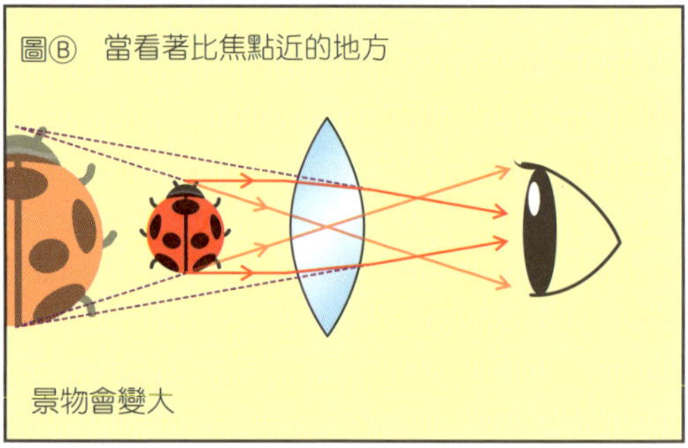
圖Ⓑ　當看著比焦點近的地方
景物會變大

注意　陽光聚焦可能點燃紙張等，引發火災，所以放大鏡絕對不可以隨手放置在陽光晒得到的地方喔。

實驗 7

用紙杯做透鏡

困難度 ●○○

寫在上面的字會左右相反或變大喔！

準備物品

圖畫紙、筆、透明長杯、水

做法

在圖畫紙上寫字，倒入約半杯的水，隔著杯子看字。

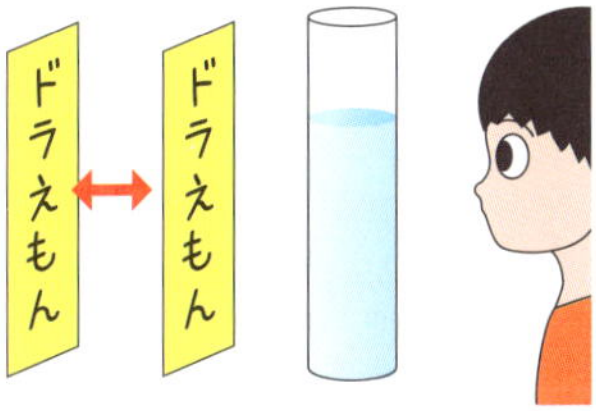

移動杯子與圖畫紙之間的距離，看到的景象也會不同喔。除了長杯之外，也可以試試其他不同形狀的杯子。

為何看到的景象不一樣？

因為杯子是圓柱形，裝了水之後就有透鏡的效果。如同右頁的說明，光通過時會產生折射，所以看到的字就會放大或是左右相反。

注意

圓柱形的長杯和寶特瓶裝水後，就會變成透鏡，有可能使陽光聚焦引發火災，所以絕對不可以隨手放置在陽光晒得到的地方喔。

空想鏡頭

啊哈哈哈！
你真是個笨蛋。
我才不是笨蛋。

奶奶跟我說過，月亮上有兔子在搗麻糬啊。
我跟你說，月亮上沒有空氣和水，生物沒辦法生存喔。
登陸月球的太空人也說過，月球上根本沒兔子。
可是，真的有兔子啊。
你這小鬼真是頑固。
那今晚我用望遠鏡讓你見識一下。
好啊。
如果沒有兔子，你要被我揍三拳喔。
如果有，那就換我打你。
你何必和一個小孩子計較呢？
管他的。
誰叫他這麼囂張。

奶奶，月亮上真的有兔子對吧！
那是奶奶小時候聽的童話故事啦。
不會吧!?
月亮上真的沒有兔子嗎？
當然沒有囉。
如果有也挺有趣的。
那個小弟弟真可憐。
怎麼了嗎？
咦？小夫他也太過分了吧？
好！我們來幫那位小弟弟。
怎麼幫啊？
用「空想鏡頭」。

這個鏡頭可以看到古代人幻想出來的東西。
來試試看吧。
把你那個便宜又破舊的望遠鏡借我一下。
把這個裝上去。
ピカッ
ゴロゴロ
※閃亮、匡啷匡啷
ザーッ
ザーッ
※嘩啦啦
你用望遠鏡看那朵雲。
啊!?
ゴロゴロ
是雷公耶。
※轟隆轟隆

原來這世上真的有雷公啊。
那是幻想的啦。
彩虹出現了。
這次看那道彩虹。
哇啊！是彩虹橋。
好漂亮喔。
把這個裝在小夫的望遠鏡上，
就能看到月亮上的兔子了。
我出門囉～
只要你現在承認月亮上沒兔子，我就放你一馬。

※轉轉

月亮上……
月亮上
沒……
月亮上
有兔子啦。
你還
逞強啊！
クルクル
你就給我
認清現實吧!!
咦？
真的有
耶。
什麼？
這怎麼
可能。
哇啊啊!?
ペッタン
ペッタン
ペッタンコ

※搗、搗、搗

真的有啦！
我昨晚用望遠鏡看到了。
大雄，月亮上真的有兔子吧！
月亮上怎麼可能有兔子呢!!
怎麼會這樣啊？
笨蛋，你是睡傻了嗎？
?
?
?

實驗 8

製造圓形彩虹

困難度 ●○○

彩虹、分光

上方照片中的彩虹是漂亮的圓形，很有趣吧！各位有看過這種形狀的彩虹嗎？

平時在雨停後的天空中出現的彩虹，都是像彎弓一樣的半圓形，對吧？為什麼形狀會不一樣呢？

其實只要有噴霧瓶，就能輕鬆製造出這種圓形彩虹。我們一起來做實驗，順便想想彩虹為什麼是圓的。

準備物品

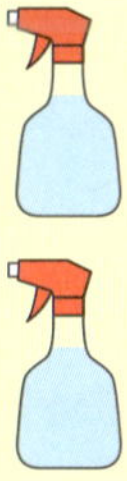

裝水的噴霧瓶2個

說明請見下一頁

做法

清晨或傍晚時，背對太陽，拿噴霧瓶朝前方噴水。

只要這樣就完成了！

重點

- 建議在清晨或傍晚，太陽位置偏低的時候進行。
- 朝著偏暗的背景噴出水霧，較容易看見彩虹。

彩虹本來就是圓形

或許會感到意外，事實上彩虹本來就是圓形。如同這項實驗，太陽在偏低的位置時，在靠近你的地方的水霧所形成的彩虹，看起來是圓的。而在離你較遠處的地方，由於水霧只存在於地面上方，所以水平面以下的彩虹看不見。

看起來是圓形。
碰到地面，所以只看到半圓形。

為什麼會出現彩虹？

下雨過後，空氣中飄浮著無數的小水滴。太陽的光照射到小水滴後，藉由折射與反射進入眼睛，就形成我們看到的彩虹。所以彩虹總是出現在與太陽相反的方向。

至於彩虹看起來是七色彩帶的原因，將在下一個實驗中揭曉。

把光分成七色

困難度 ●○○

太陽的光可以分出各種不同的顏色。我們用鏡子和水來做實驗確認看看吧。

準備物品

鏡子

臉盆或洗碗菜的容器、水

做法

1 把鏡子放進裝滿了水的臉盆裡。

2 將鏡子傾斜，讓陽光反射在牆面上。

重點

鏡子反射的光打在背陰處的近白色牆面，較容易看出色彩。臉盆裡的水一晃動，彩虹也會跟著晃動，所以用鏡子反射陽光後，要靜靜等到水面停止搖晃。

為什麼能看見七種顏色？

在前面的實驗中也有看到，當光從空氣中進入水中或從水中進入空氣中，就會產生偏折，稱為「光的折射」。

太陽光雖然看起來是白光，但其實充滿了各種顏色，而且每一種顏色的折射角度都不盡相同。在實驗9中，光會如左圖所示，在進入水中時折射，再由鏡子反射，然後離開水面時再次發生折射，經過兩次折射後，光就被分成七種顏色了。

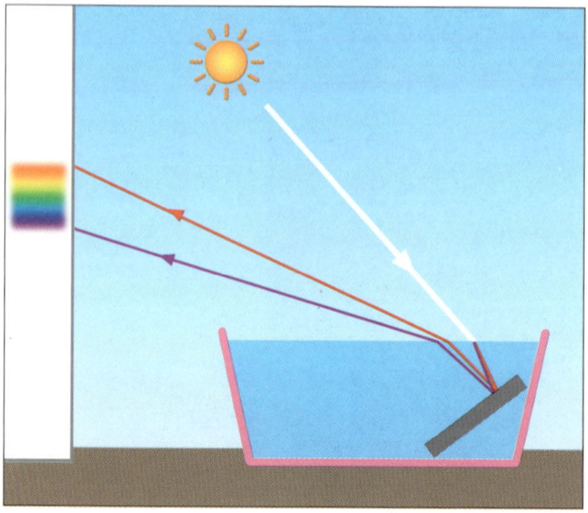

※在本頁的兩張圖中，為了說明上的方便，只用了紅線和紫線兩種顏色，折射角度也比實際情況更誇張些。

彩虹在水中也能分色

彩虹看起來有七種顏色的原因也正如上方的說明。光射到飄浮在空氣中的水滴，在進入水滴時發生折射，而從水滴內部反射出來時，再度發生折射。不同顏色的光，折射的角度不同，所以某些水滴只把紅色的光傳到眼睛，位置偏低的其他水滴只把紫色的光傳送到眼睛。其他的顏色也是同樣情況，這就是為什麼我們看到的彩虹，會是七色彩帶的模樣。

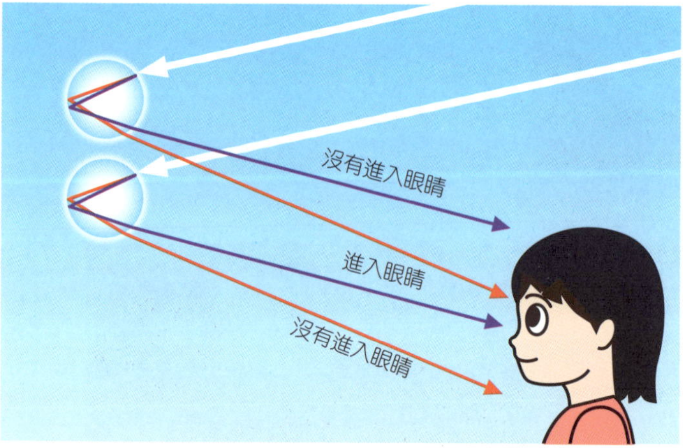

實驗 10

結合三色光製造白光

困難度 ●○○

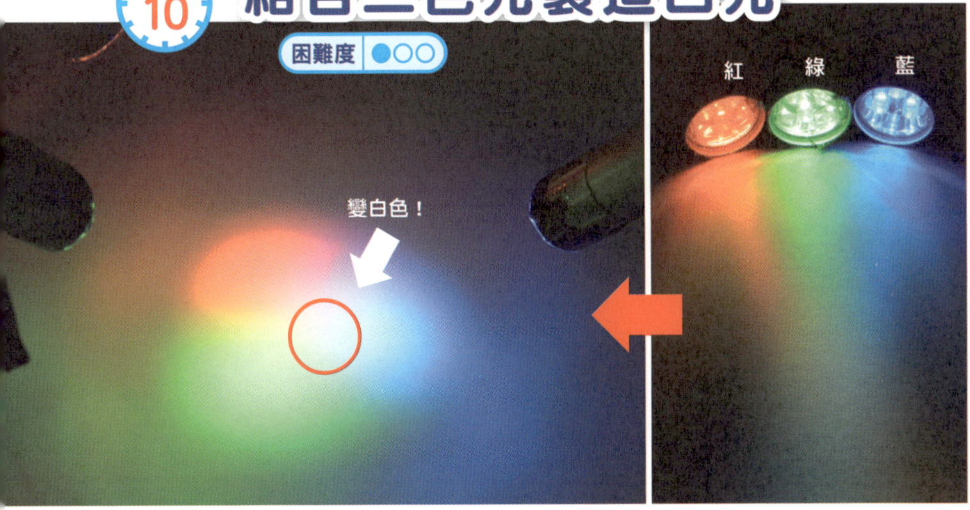

準備物品

LED燈
（生活用品店賣的最小款式即可）
3個

彩色玻璃紙
紅、綠、藍各1張

做法

把紅、藍、綠色的彩色玻璃紙裝在LED燈上，接著在暗處開燈。

三色光交集的地方會變成白色。上方的照片中還可以看出，紅色和綠色交集的地方變成了黃色。

「光的三原色」與「色彩三原色」

「光的三原色」是「紅、綠、藍」。這三色混合後會變成白色，兩兩不同的組合也會產生不同的色彩。另一方面，「色彩三原色」是「青色、洋紅色、黃色」，全部混合後會變成黑色，不過兩兩排列組合，也同樣能夠製造出許多不同的顏色。

光的三原色

電視是屬於這邊。

色彩三原色

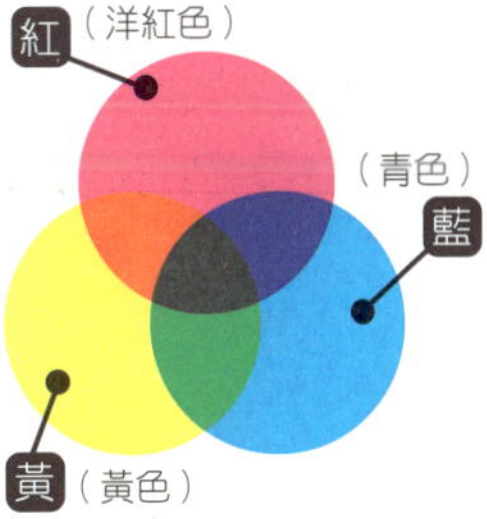

水彩顏料是屬於這邊。

「彩虹有七色」是牛頓定的？

各位都知道偉大的英國科學家艾薩克．牛頓吧？他最著名的傳說就是看到蘋果從樹上掉下來，因而發現「萬有引力定律」。事實上他在「光」這方面也有重大發現喔。

當時的人已經知道陽光通過三角柱狀玻璃「三稜鏡」時，就會變成有色彩的光，但是沒有人知道原因。

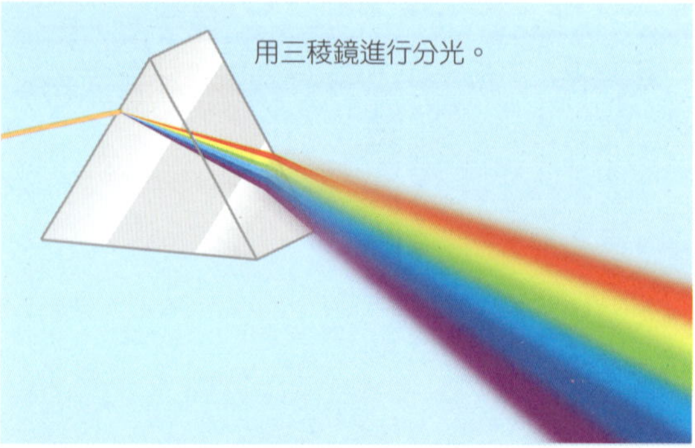

於是，牛頓在昏暗房間的牆壁上弄了一個小洞，讓白色陽光從小洞射進屋內，陽光通過三稜鏡照射到另一側的牆壁上，牆上出現了細長的光帶，從偏紅的顏色漸層變成偏藍的顏色。牛頓還更進一步把分色的光轉向，通過另一個三稜鏡，發現光又恢復成白色。

影像來源 / Sascha Grusche via Wikimedia Commons

▲使用三稜鏡進行分光實驗的牛頓。根據記錄，他是在 1666 年發現光可以分成七種顏色。

因為牛頓，我們知道陽光中含有各種顏色的光，也知道這些顏色的光合在一起時，就會變成陽光這樣的白色光。

牛頓認為，在顏色眾多的光之中，最醒目的就是紅色、橙色、黃色、綠色、藍色、靛色、紫色這七個顏色。後世採納他的看法，也認為彩虹有七色。

實驗 11 製造夕陽的紅色

困難度 ●●○

變成夕陽般的顏色了！
這邊明明是白色……

夕陽為什麼看起來是紅色？我們來做把透明光變紅的實驗，確認看看吧。

準備物品

低濃度的肥皂水

※拿固體肥皂在水中摩擦幾下，讓肥皂溶解在水中。

白紙

手電筒

拋棄式透明傘套

（改用2公升的寶特瓶也可以）

做法

1 將肥皂水倒入透明傘套裡，封口打結，放在白紙上。

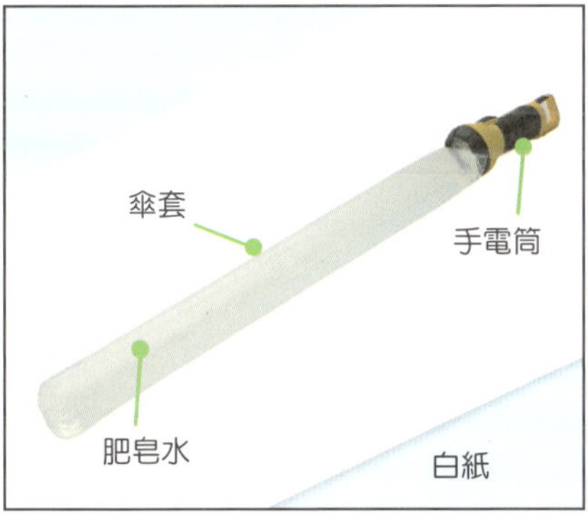

▲放在白紙上，手電筒放在傘套頂端。

2 關掉房間的燈後，打開手電筒。

手電筒旁邊是白色，但離手電筒越遠就會越像夕陽的顏色。

※無法成功製造出橘紅色時，請調整肥皂水的濃度試試。

說明請見下一頁

為什麼夕陽是紅色？

地球的大氣中懸浮著許多構成空氣的氣體分子，及眼睛看不見的細微塵埃等物質。當太陽光抵達地球，會與這些物質發生交互作用。其中波長較短的藍色光，容易改變前進方向而向四面八方散射。這些散射的藍光進入我們的眼睛，所以我們在白天看到的天空呈現藍色。

另一方面，早晨與傍晚的情況不同。早晨和傍晚的太陽位置較低，陽光會如圖中所示，穿越大氣來到我們眼睛的距離比白天時更長，而且藍色光在前進過程中幾乎完全被散射至其他方向。相反的，紅色光就算與微小粒子和塵埃交互作用，也不易改變方向而被散射，因此能持續前進抵達我們的眼睛。這就是為什麼早晨和傍晚的天空在我們看起來是紅色的原因。

為什麼拋棄式傘套會變成紅色？

實驗11拿傘套裝肥皂水，是為了重現夕陽形成的原理。

假設手電筒的光是太陽光，而肥皂粒子是空氣中的氣體分子和塵埃等物質。光照射到肥皂的小粒子之後，在靠近手電筒的地方，藍色光散射傳抵到眼睛，所以看起來是藍白色。紅色和橘色光繼續前進到遠離手電筒的部分，幾乎沒有改變方向，所以末端看起來偏橘紅色。

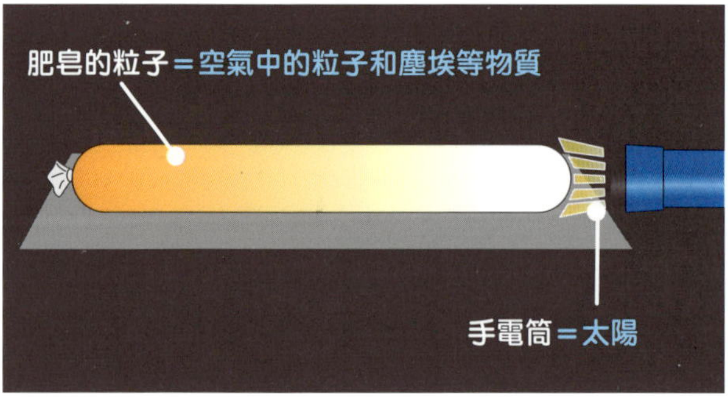

月球和火星的天空是什麼顏色？

在地球上，白天的天空是藍色，傍晚的夕陽是紅色，那麼其他星球上是如何呢？

月球的天空，即使白天的空中有太陽照耀著，也仍然是一片漆黑。因為月球上沒有大氣，沒有能夠反射太陽光的物質，所以是黑漆漆的喔。

那麼，火星的天空又是什麼顏色呢？火星的天空，白天時是橘色，夕陽是藍色，與地球相反。

▲站在月球表面的美國阿波羅 15 號太空梭的太空人。天空是一片漆黑。

照片：NASA

這是因為火星的大氣中懸浮著大量的沙塵。沙塵顆粒比地球大氣中飄浮的塵埃粒子大很多。紅光與黃光在地球大氣中不易被吸收，但是在火星大氣中卻很容易被大顆粒的氧化鐵沙塵吸收。而吸收的紅、黃光會向四面八方再散射出去，因此天空看起來是橘色。相反的，藍光就算和沙塵粒子交互作用也不易被吸收，所以能夠持續直線傳播。因此到了太陽位置偏低的黃昏時分，天空看起來就會呈現為藍色。

看來天空的顏色，也會因為條件不同而出現不同的色彩呢。

▲NASA 探測機拍攝到的火星風景，是一整片的橘色。

照片：NASA/JPL-Caltech/ASU/MSSS

▲NASA 探測車拍攝到的火星日落。夕陽是藍色。

照片：NASA/JPL-Caltech/MSSS/Texas A&M Univ.

漂浮棒棒糖

我們很會溜冰吧~
借你玩吧！
不用了。
快點穿上去。
哇啊~
好可怕喔。
大雄真的是有夠笨的。

你又被欺負啦？
給我一雙不會跌倒的溜冰鞋。
我沒有那種東西。
今天天氣不錯，我們去散步吧！
靜香也一起去吧～

是水黽耶。
他們在水面上移動的樣子，好像在溜冰喔。
對了，給你這個吧！
「漂浮棒棒糖」。
BOU
吃下這個就可以浮在水面上喔。
真的嗎？
浮起來了。

真的耶。
不管怎麼跳，
都不會掉下去。
ポン
※推
ツー
※咻～
好像在溜冰喔。
好有趣。
不要在馬路上溜冰。
ブウ
※叭叭
真是無聊。

什麼？因為「漂浮棒棒糖」的關係？
我們也要。
パクパクパク
※狼吞虎嚥
啊啊！吃那麼多的話，效果會維持一個月喔。
沒差啦！
來玩相撲吧！
ドタン
バタン
※咚噠、啪嗒
喂！
魚都被你們嚇跑了。

過了一個月之後……

增強集中注意力
泡泡安全帽

要是被媽媽問起「為什麼這麼晚才回來!?」
那就糟糕了。
偷偷爬牆進去好了!
※嘎鏘
カチーン
※嘎鏘
地面好硬啊。
※嘎鏘
難得休假，卻叫我來挖洞……
カチーン
カチーン
大雄你回來啦!
噓……
你又忘記寫作業，被留下來了?
我不是一直跟你說，放學回來就要馬上寫作業嗎?
我知道啦!這點我自己也很清楚……

所以放學回來，我也會試著坐在書桌前啊！
可是當我一坐下就會開始……
作業好難喔……
點心時間還沒到嗎？
還是出去玩吧。
好想看漫畫喔！
就是專心不下去。
讓頭腦休息一下再寫吧！
……結果就變成這樣。
這是你的注意力不集中。
你說的對！我想要集中注意力啊。
「增強集中注意力泡泡安全帽」。
想要一口氣做完事情時，只要戴上這頂安全帽，
就能維持專注，持續多久都沒問題喔！
現在就坐在書桌前試試看……

※飄出、喀喳
プウ
カチ
※套住
スポ
加油!!
※專注、專注
セッセ
セッセ
這下子絕對不會分心。
※專注、專注
セッセ
セッセ
要不要先休息一下，吃點點心啊？
※專注、專注
セッセ
セッセ
漫畫很好看喔！
メガゾンズ
大雄!!
※專注、專注
セッセ
セッセ
回來就得說聲「我回來了」。
他現在寫作業寫得很專心。
哇！真是難得……

那就好好加油吧！
※專注、專注
セッセ
セッセ
看，這樣不就寫完了嗎？
※搓
チク
※砰
沒想到這麼快就寫完了。
因為注意力夠集中啊！
這麼好的東西，我得好好利用才行。
哎呀！
根本沒在挖嘛！
先讓我休息一下再挖啦！
※喀鏘
カチン
カチン
スポ
※套住

※嘎鏘、嘎鏘
做任何事都能全力以赴真是不錯。
不妙!!
如果被那兩人搶走就糟了！
給我拿來!!
※撲倒
啊!!螞蟻……
怎麼樣？螞蟻怎麼了？
哇啊！竟然搬得動那麼大的蟲耶!!
不知道要搬到哪裡去？
這麼小還這麼努力，螞蟻真是了不起。

有沒有想專心做的事啊？
當然有啊。
這件毛衣從去年織到現在，
一直都還沒完成。
趁你在織毛衣時，幫你戴上泡泡安全帽。
加油。
セッセセッセ
※專心、專心
想要集中注意力的人請到這邊來。
我要準備大考，拜託!!
我小孩缺乏定性。
我要教小狗。
我要玩拼圖。
今天幫助了這麼多人，
真是充實的一天啊！
我家小夫還沒回家耶！
我家胖虎也是。

用完之後你有把泡泡安全帽弄破嗎？
為什麼？
因為只要戴著安全帽，就會一直重複同樣動作啊！
什麼!?
螞蟻走光了。
不過我們還是得繼續觀察啊。
不要再挖了～

表面張力

水為什麼變成圓的？

2021年在國際太空站「希望號」的日本實驗艙，做實驗的太空人星出。

照片：JAXA/NASA

上方這張照片拍攝於國際太空站，照片中有一顆圓滾滾的銀色珠子飄浮在太空人面前，那顆銀珠子其實是水喔。在國際太空站的內部幾乎沒有重力，因此人和物品都會飄浮在半空中，水也會因為沒有重力而像這樣聚集形成漂亮的球體。

這個情況在地球上也看得到，在下雨時的雨傘或是荷葉表面，也能看到圓溜溜的水珠在滾動。看來水似乎有形成球體的特性，其實這都是因為水具有表面張力。我們就透過實驗來看看表面張力的祕密吧。

▲荷葉防水，所以常會看到圓滾滾的水滴。

照片：'90bantam/PIXTA

▲圓滾滾的水滴落在有防水塗層的雨傘表面。

照片：Haru photography/PIXTA

實驗 12 快要溢出又不會溢出的水

困難度 ●○○

水面的水位竟然高出了杯子！水的表面高高隆起卻不會溢出來，這個就是「表面張力」。

準備物品

彈珠多顆
（透明塑膠圓片、錢幣等也可以）

杯子和水

做法

1 杯子裡裝水，不要裝滿。

2 彈珠一顆顆放入，動作要輕，避免水灑出來。水面會漸漸隆起。

試一試

如果用加了洗髮精的水做實驗……

洗髮精含有會減弱水的表面張力的成分，所以水不會像之前那樣隆起，而是會滿溢出來。

表面張力是什麼？

水是由小小的水粒子集結而成，這些小粒子稱為水分子，會與四周的其他水分子互相拉扯、連結。但是，水的最外側（水的表面），因為接觸到空氣，沒有外側水分子的拉力，只會受到內部水分子的拉力。因此，水的表面會向內收縮成最小的狀態，也就是球體。

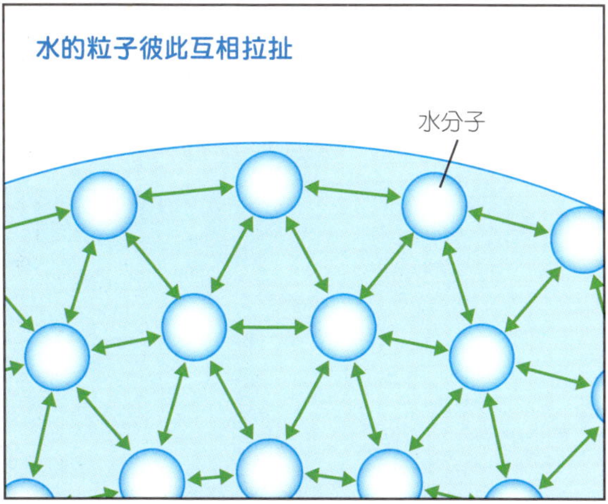

液體像這樣具有使表面面積盡量縮小的力量，這種現象稱為「表面張力」。在各種液體之中表面張力第二大的就是水，僅次於水銀。在實驗12中，即使水面高於杯緣並且微微隆起，水也不會灑出來，這就是表面張力的作用，而在八十五頁照片中，水形成球體，也同樣是表面張力的影響。

順便補充一點，水黽能夠站在水面上，也是因為表面張力的幫助。水黽的腳上有防水的細毛，再加上水的表面張力產生向上的支撐力，讓水黽不會沉入水中。

浮在水面的水黽。
照片：sunnyfield/PIXTA

破壞表面張力的界面活性劑是什麼？

在實驗12中，當水中加入了洗髮精後，水不再能夠在杯口隆起，而是會溢出來。這是因為洗髮精中含有的「界面活性劑」，會降低水的表面張力，導致水更容易溢出。

界面活性劑也被廣泛應用在肥皂、清潔劑等產品，能夠幫助原本難以混合的水與油形成乳化體系，使油與水能相互混合，因此能夠輕鬆去除油汙。

實驗13 胡椒海分兩半

困難度 ●○○

漂浮在水面上的胡椒粉，像摩西分紅海一樣瞬間分開。

準備物品

盤子、胡椒粉、牙籤、洗碗精、水

做法

1 盤子裡裝水，撒上胡椒粉，讓胡椒粉粒覆蓋整個水面。

2 牙籤的尖端沾洗碗精，接著輕輕觸碰水面。

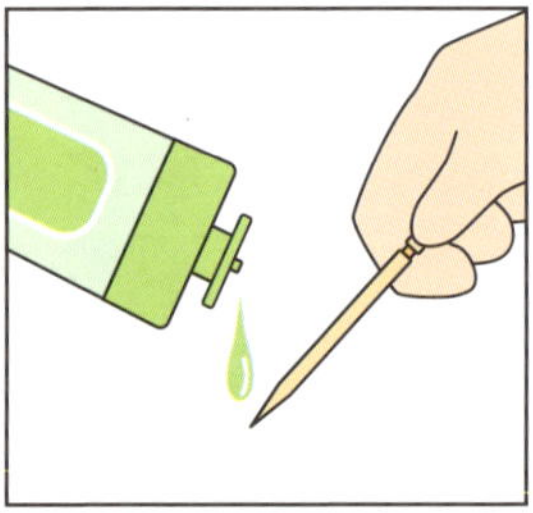

胡椒粉為什麼分開？

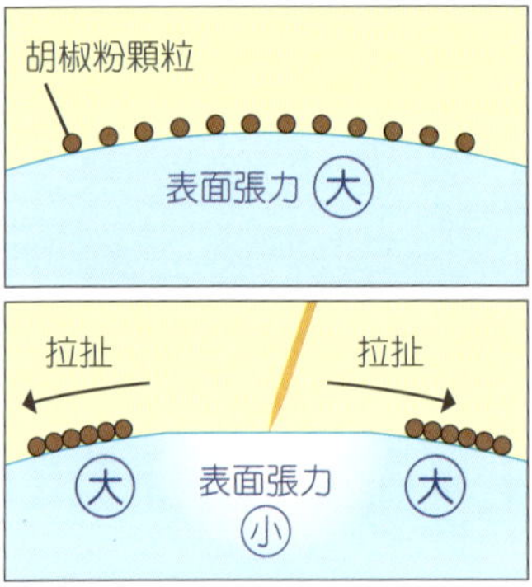

胡椒粉漂浮在水面上，是水的表面張力作用。此時洗碗精裡的界面活性劑一碰觸到水，該處的表面張力就會減弱，但四周的表面張力還是很大，所以胡椒粉顆粒會被拉往外側。

實驗 14

讓洗髮精船前進

困難度 ●○○

紙船在水面
快速前進。

準備物品

洗髮精、棉花棒、圖畫紙、臉盆等的容器、水

做法

1 圖畫紙剪成長一點五公分、寬1公分左右的船型。

2 船的尾端部分用棉花棒抹上薄薄一層洗髮精。

3 抹洗髮精那面朝下，把船放在水面上，船就會在水面上滑行前進喔。

紙船為什麼會行走？

水的表面層有水的粒子（水分子）互相拉扯，所以表面張力大。這時將一片抹了洗髮精的紙船放在水面上，洗髮精的界面活性劑就會發揮作用，讓船後方的表面張力變小。另一方面，船前方的表面張力仍舊很大，所以船受到拉扯，就往前進了。

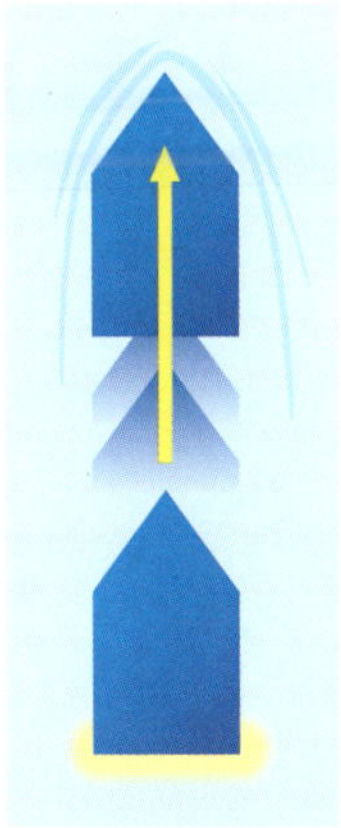

※紙船漂過的水，因為洗髮精溶入水裡，減少了表面張力，所以想要重複實驗的話，必須先換水再做。

實驗15 製作巨大泡泡

困難度 ●●○

製作特殊泡泡液，
挑戰超巨大泡泡！

做法

製作泡泡框

準備物品

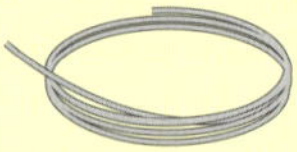

鐵絲
（也可以使用淘汰的鐵絲衣架）

毛線

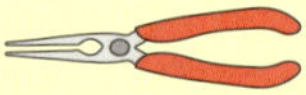

老虎鉗

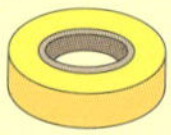

絕緣膠帶
（又稱電火布）

1 彎曲鐵絲做成圓圈。製作出可放入臉盆裡的各種大小圓圈。

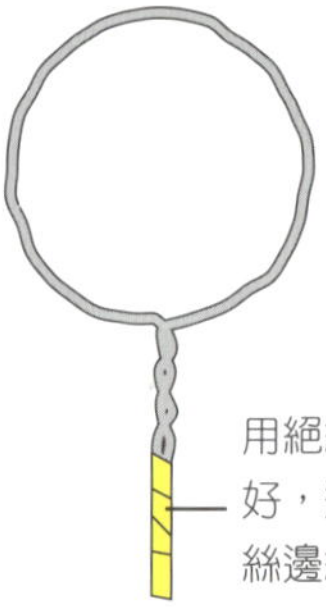

用絕緣膠帶捲好，避免被鐵絲邊緣割傷。

2 將毛線繞在鐵絲上。繞毛線是為了吸附泡泡液，這樣一來更容易產生泡泡。

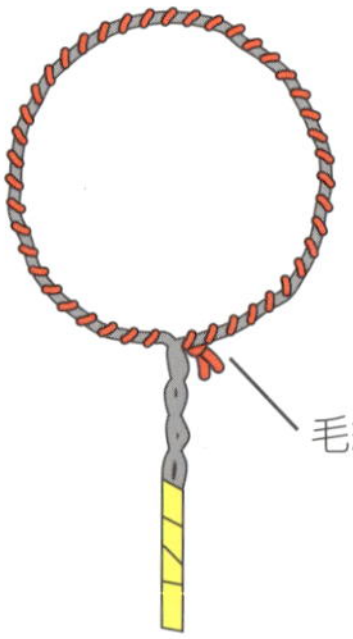

注意

※使用鐵絲時要小心，不要傷到眼睛和手！
※剪斷鐵絲時，請讓大人幫忙。

做法

製作泡泡液

準備物品

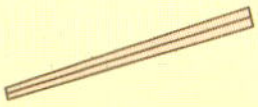

免洗筷
（攪拌用）

洗碗精
（含有29%以上界面活性劑的產品）
※成分表中含有「十二烷基苯磺酸鈉」的產品會過度刺激皮膚，請避免使用。

臉盆等廣口的容器和水

量杯

衣物上漿劑※
選擇成分是PVA（聚乙烯醇）的產品。
※或稱織品上漿劑、漿衣劑、燙衣漿，一般用途是噴在襯衫上，再以熨斗加熱燙平，可讓襯衫硬挺。

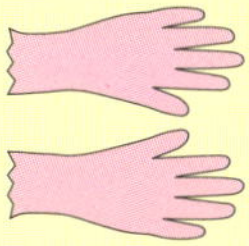

橡膠手套
（戴上手套可避免手接觸洗碗精而乾裂）

1 水、洗碗精、衣物上漿劑的比例是十比一比三，請按照這個比例來混合製作泡泡液。舉例來說，水一公升，就是要加上一百毫升的洗碗精，以及三百毫升的衣物上漿劑。

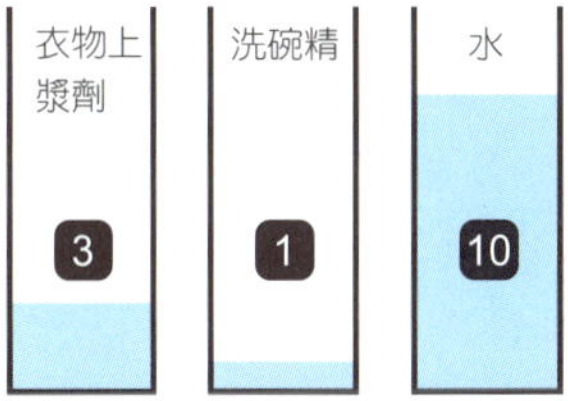

2 輕輕攪拌水和洗碗精，避免產生泡沫。

3 加入衣物上漿劑之後，繼續輕輕攪拌，避免產生泡沫。

做法

拿泡泡框沾泡泡液。讓泡泡液在框上形成一層膜，然後試著揮動泡泡框製造泡泡。

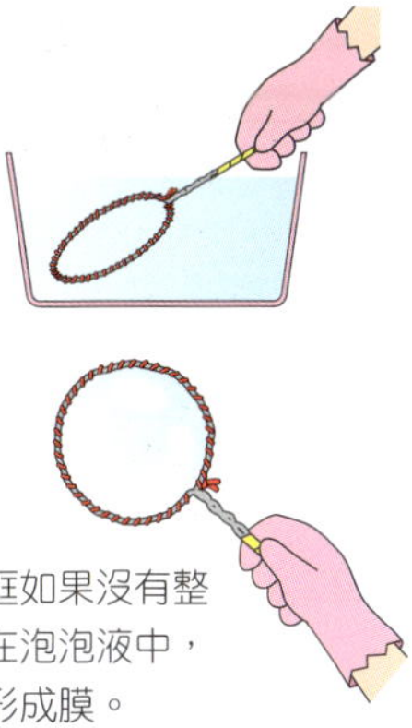

※泡泡框如果沒有整個浸泡在泡泡液中，就無法形成膜。

重點

● 如果無法產生泡泡，或泡泡很快就破，可以在泡泡液裡多加一些衣物上漿劑，一次加一點點進行調整。

注意

※泡泡液、洗碗精、衣物上漿劑請勿觸碰眼睛或放入口中。
※請勿以平常的方式拿吸管吹這款泡泡液，以免發生誤食的危險。

挑戰製造更大的泡泡！

準備物品

用鐵絲做泡泡框，無法做出超過臉盆的尺寸，但只要使用毛線，就能做出更大的泡泡框喔。

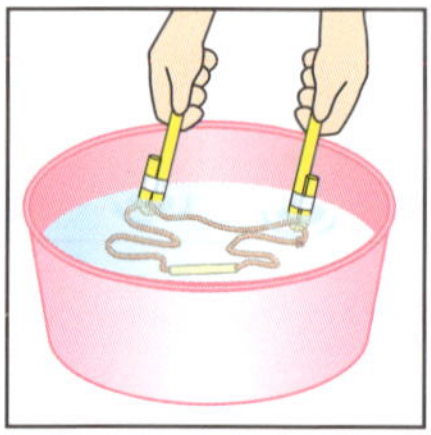

毛線全部浸泡在臉盆的泡泡液裡，接著慢慢拉起、展開。毛線中央如果形成泡泡液的膜，就舉起雙手移動泡泡框！

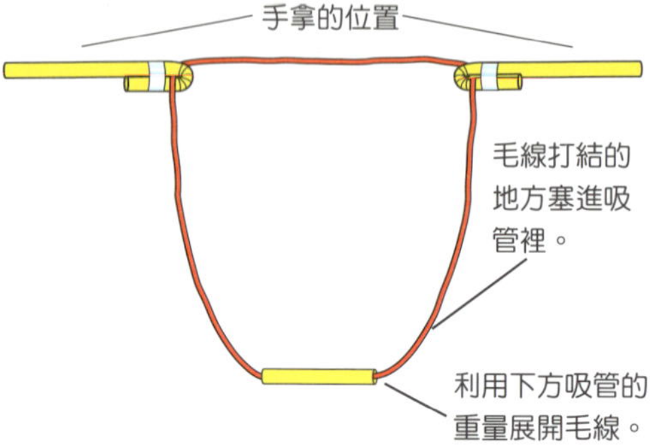

如圖所示，把毛線調整成接近四方形的形狀，彎起可彎曲吸管，再以透明膠帶固定。

試一試

挑戰使用各種不同形狀的泡泡框製造泡泡。你覺得會變成什麼形狀呢？

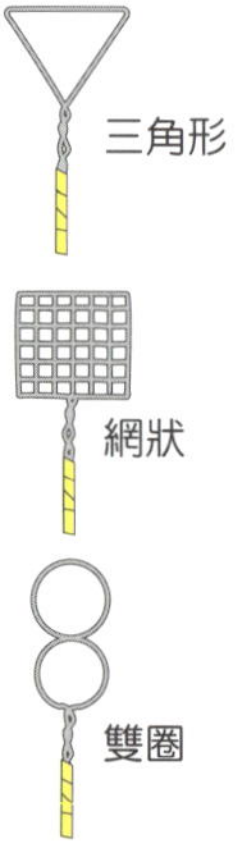

▲用淘汰的羽球拍當泡泡框，能夠瞬間產生大量的泡泡。每顆泡泡果然還是圓形呢。

為什麼會形成泡泡？

泡泡是空氣進入泡泡液的膜裡面。那為什麼可以形成那麼大的泡泡呢？

假如只是用水來製造泡泡，情況會是如何？水的表面張力很大，所以即使形成泡泡，也會立刻就破掉。

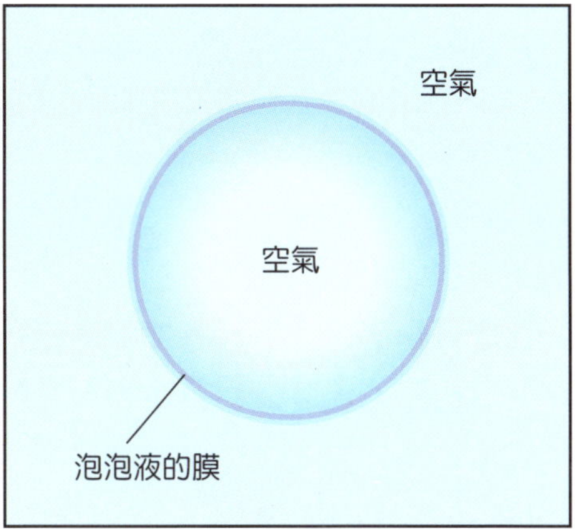

但如果是使用洗碗精的話，在界面活性劑的作用下，水的表面張力變小，水變得容易擴展開來，裡面充滿空氣時，就能夠保持泡泡的狀態了。

為什麼泡泡容易破？

泡泡會破的主要原因有下列三個。

第一個原因，是風或是灰塵碰撞到泡泡的膜，造成破洞。

第二個是泡泡的水分蒸發。水分變少，膜也就無法維持。

第三個原因，是地球重力（引力），把泡泡膜的泡泡液往下拉，泡泡液往下流，上面的膜就會變薄，然後形成破洞。

為什麼要加入衣物上漿劑？

衣物上漿劑的作用是增加泡泡液的黏性。而且，衣物上漿劑中的ＰＶＡ（聚乙烯醇）成分還具有防止水分蒸發的效果喔。

玩泡泡建議在夏天

冬天的空氣比較乾燥，泡泡的水分也就容易蒸發、破裂。像夏天這樣溼度高的季節，水分不易蒸發，所以更推薦在這個時節玩泡泡。一起在寬闊的場地製造大泡泡吧！不過夏天時要小心防中暑喔。

逃出地球計畫

漫畫、點心、還有做了一半的模型……
再帶一些泡麵好了。
幹嘛這麼慌張啊？
我在準備搬家啊！搬家！
你看看這本書！我沒有辦法再繼續待在這種可怕的地方了。
即將滅亡的地球
上面寫著未來石油會被挖光、人口也會急速增加，到時候冰河期和大地震一來，地球就會滅亡了。
即將滅亡的地球

我們還是快逃吧！
要逃到哪去啊？
天呀！我們無處可逃！
用不著這麼慌張啦。
又不是馬上就會發生這種事。
而且人類又不是笨蛋，到時候一定會順利擺脫困境的。
是這樣子嗎……？
可是還是很令人擔心啊。
為了以防萬一，我們還是先準備好逃亡地點吧！
這樣子至少比較安心吧。
雖然只能逃到別的星球去……
不過，適合人類居住的星球還真難找啊……
星球目錄
星
實在太麻煩了。
隨便選個星球……
我們把它改造成可以居住的環境吧。
那就趕快著手進行吧。

前往我們的星球吧！
※轟
ゴウ
是個沒有空氣的星球啊。
所以這邊的空氣才會流過去。
那就不能住啦。
撒上「固體空氣」試試看。
※撒、撒
ザラザラ
順利撒完了。
應該差不多都溶化了吧……
嗯，這樣就行了。
走吧！

這個星球還真小耶！直徑不知道有沒有三百公尺？
那個應該是這個星球的太陽吧？
先繞一圈到處看看再說吧。
你往那邊走。
我從這邊走。
預備~出發！
怎麼都是岩石啊。
好像連一滴水都沒有，更不要說植物了。
ヒラリ

※跳

哇啊！跳過頭啦！
這裡的引力很小，得小心點才行啊。
如果要住在那顆星球上，
得費一番工夫改造才行。
誰叫它什麼都沒有。
首先必須有水。
我們來做個小小海洋吧！
ザアー
※嘩～
等做好海洋，再來造山。
然後讓天空飄幾朵雲，讓它偶爾可以下雨……
也要種一些花草樹木吧。
過一陣子，也可以讓小動物住在那裡。

已經做好兩塊陸地和幾座小島了。
待會在這邊的陸地做個小山丘，然後蓋間視野極佳的房子吧。
對面的陸地就來蓋遊樂場好了。
※嘎嘎嘎、槓槓、匡咚、匡咚
小丘的高度五公尺左右應該夠吧。
這裡再來挖條小河。
奇怪？怎麼突然變暗了？
已經天黑了。
因為這顆星球自轉速度很快，所以三個鐘頭就過一天了。
如果住在這裡，不就得不停的睡覺和起床？那很忙耶。

發電裝置做好之前，先從家裡拉延長線吧！
我把空地的樹木拔過來了。
我也來。
バタ
※咚噠、咚噠
就算是雜草，有也總比沒有好。
ドタドタ
バタバタ
不可以在走廊跑來跑去的。
看起來完全不一樣了。
太陽又升起來了耶。
這可是我們花了一整晚辛苦工作的成果。先休息一下，吃碗泡麵吧。
我去把瓦斯拉到這裡來煮吧！
ドタドタ
你們到底在幹什麼啊？
※咚噠、咚噠

哎呀，怎麼搞的……
這到底是怎麼回事!?
在自己的星球吃泡麵感覺特別好吃。
!?
怎麼突然變得這麼熱啊。
奇怪？到底是怎麼回事？
太、太陽……好像變得比剛剛還大。
越變越大了啦!!
一直往這邊靠近耶!!

我知道了！
這顆星球是以橢圓形繞著太陽運轉。
炎熱
涼爽
而且公轉速度非常快。
所以一旦接近太陽，就會變成一種灼熱的狀態！
草燃燒起來了。
好燙、好燙。
要住在別的星球這麼不容易啊。
好可怕、好可怕。
暫時先搬到別的地方吧！
你們怎麼把房間弄得髒兮兮的!?

神槍手大賽

這是德國魯格P08式手槍！
我的是瓦爾薩PPK！
我的可是班特萊因特別版！
※鏘鏘！
砰砰!!
哇～好棒喔！

大雄的玩具槍是哪種呢？
我當然有，不過我不玩這種手槍遊戲。
他一定沒有啦！
※砰磅
真過分！
我當然有手槍啊。
スコポン
※砰磅、砰磅、砰磅
スポン
スポン
スポン
真厲害~百發百中耶！
果然每個人多少都會有專長，你在這種小事上，還真有本事呢！
你到底是想誇我還是損我啊？

雖然你可能會笑我傻，
不過假如我早生個一百多年……
又是在美國西部長大的話，我絕對會是在歷史上留名的神槍手。
可是在現代，根本就沒有讓我表現神射技巧的機會，太可惜了。
那我就給你機會試試看吧！
喔……什麼道具？
「空氣槍」。
什麼都沒有嘛！
砰！
ドタン
※咚磅
先在指頭上滴幾滴這個液體。
然後對著目標喊「砰」就行了！原理就像是超音速噴射機所引發的衝擊波一樣，利用空氣的震動來擊倒目標。
雖然可以把人震昏，但是絕對不會受傷喔。

砰！
砰！
砰！
砰！
被打中就該倒下去啊！
胖虎你才該倒下吧？明明就是我們先擊中你的啊！
就算你們先開槍，也沒打中我！
叩咚
叩咚
嘻嘻嘻嘻嘻嘻……
你在笑什麼!?
勸你趕快放手，不然你會很慘喔！
你竟敢這麼對我說話!?
仔細看那棵樹的葉子吧！
砰！

※掉落、掉落
砰！
砰！
砰！
ビジ
ビジ
ビジ
落下
總共十發。
一根指頭可以發射一槍。
那邊也有十片葉子被擊落。
我們用這個來辦神槍手大賽吧？
什麼？「空氣槍」？
每個人各有十顆子彈。
然後大家就在鎮上尋找對手。
一碰上對方，就開始對決！
被打中就算輸了，能撐到最後的那個人，就是神槍手!!
好像很好玩，我要參加！
我最喜歡這種遊戲了，這可是我從幼稚園以來的夢想呢。
我們也要參加！

好像真的成為西部牛仔了呢！
感覺好過癮！
哇!?
※移動
來吧！
你先請！
砰！
砰！
砰！
砰！
要準確瞄準才行喔。
不然只會白白浪費子彈。
沒想到大雄那麼強。
我們兩個人一起突襲他。

1461
砰！
砰！
砰！
砰！
砰！
砰！
砰！
砰砰！
砰砰！
砰！
你們的槍法太爛了啦！
竟敢說我們爛!?
既然如此……
一起收拾大雄吧！
來啊！

這樣就只剩下胖虎一個人了!!
砰!砰!砰!
應該還有三顆子彈吧……
一開始射了一槍，接著是兩槍，再來是……
汪!汪!汪!
吼嗚!吼嗚!
嗶咻
砰砰砰!

嘿嘿嘿
嘿嘿……
出現
你的子彈已經都用光了吧？
我可是十顆子彈全都還在呢。
因為我從一開始就躲起來了。
你好卑鄙。
少囉嗦。
反正我贏定了！
希望我打你哪邊啊？
呵呵呵呵……
頭？還是胸部？
受死吧!!
ダッ

※跳

砰！
大家都對我刮目相看了！
那真是太好了。
今天我太活躍了，肚子好餓！
「晚」餐做好了嗎？
你沒算清楚開過幾槍嗎？
真是奇怪了，我算錯了嗎？在那裡開一槍，接著是兩槍……
先別管那個了，媽媽什麼時候才會醒來啊？

※「晚」與「砰」的日文發音相同。

LEARNING WORLD

看不見的空氣力量

空氣的力量

照片：NASA

離開國際太空站，到太空中執行任務的太空人。

在漫畫〈逃出地球計畫〉的故事中，出現哆啦A夢和大雄準備用「任意門」進入太空，卻差點被吸進去的畫面。地球上有空氣，但太空中沒有，所以空氣會一鼓作氣湧向太空，不管是人或物品也都會被那陣風捲進去。

但是，國際太空站有時也會像上面的照片那樣，太空人需要到站外的太空中執行任務。他們要如何進入沒有空氣的太空？國際太空站的空氣如果被吸出去可就糟了。實際上國際太空站有特殊設計，可以避免這種情況發生。在說明答案之前，我們先來做幾個實驗，感受一下空氣的力量。

▲出自〈逃出地球計畫〉（請先閱讀 94 頁起的漫畫）

實驗16 製作紙杯空氣槍

困難度 ●●○

空氣的力量

利用空氣

空氣雖然眼睛看不見，但卻具有打倒物體的力量！我們來做空氣槍感受一下吧。

準備物品

紙杯2個

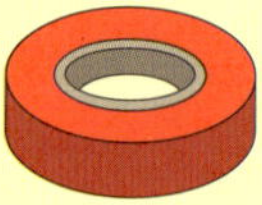

絕緣膠帶

剪刀

鋼珠筆、各種不同粗細的筆

氣球1個
（事先吹鬆或拉鬆，更容易製作。）

製作標靶！

挑戰用圖畫紙和紙杯，花些心思製作標靶吧。

做法

1 在兩個紙杯底部各打一個直徑約1公分的洞。

兩個紙杯都要穿洞。

也可以用美工刀，不過，用鋼珠筆尖鑽孔後，再以筆桿把洞擴大，這樣更簡單。

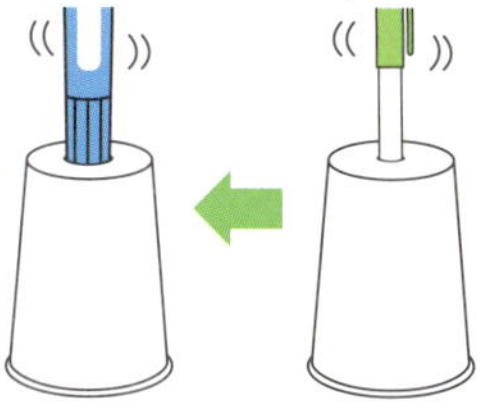

按照從細到粗的順序，換筆逐漸把洞擴大。

2 把兩個紙杯疊在一起。

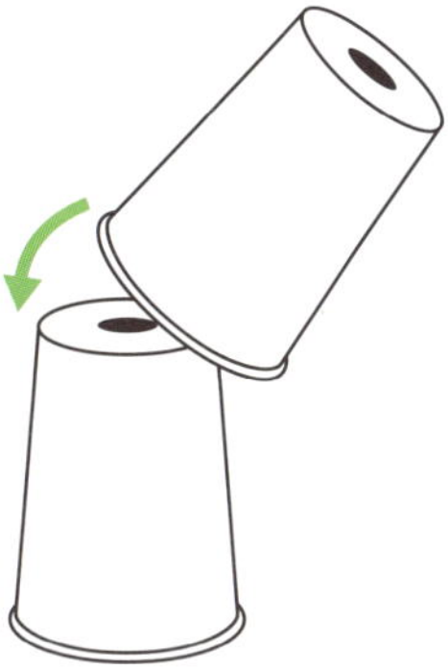

疊合兩個使用比較牢固。

3 割開氣球，吹口綁緊。

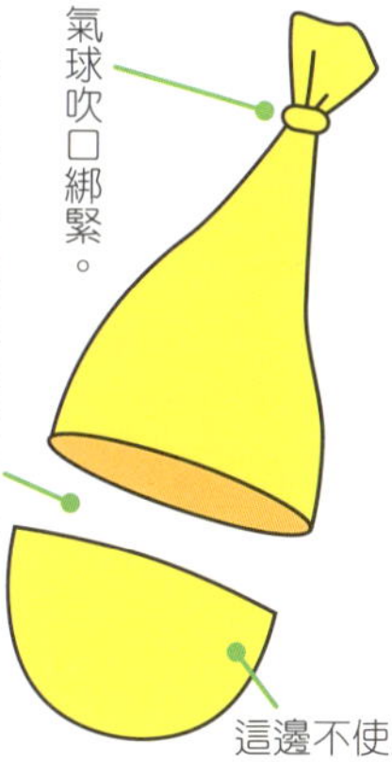

4 把剪開的氣球套在紙杯上。

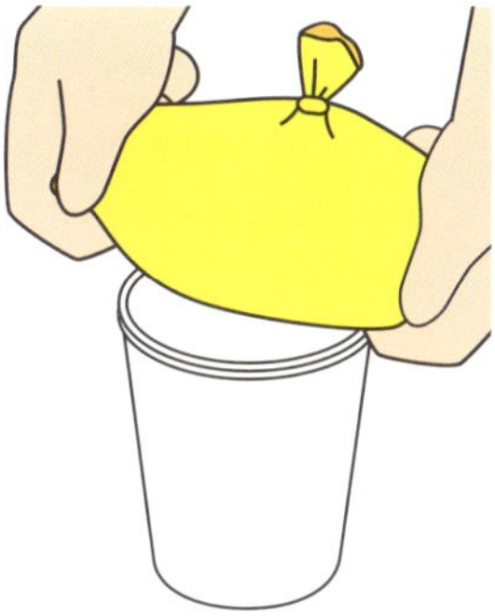

用雙手展開套上。

氣球要覆蓋住兩個紙杯的杯緣。

5 氣球和紙杯用絕緣膠帶固定。

完成！

玩法

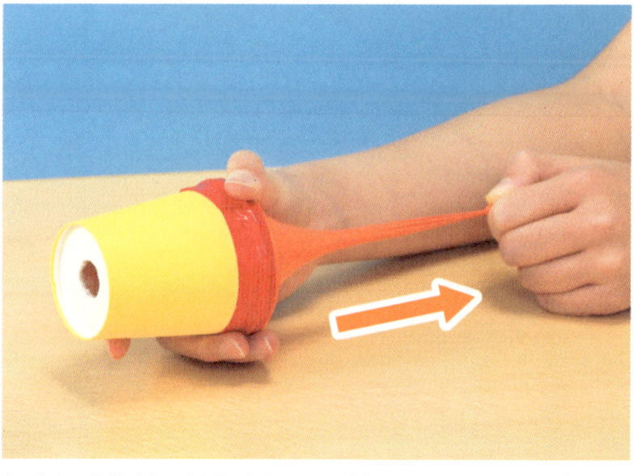

抓住氣球的封口結往後拉，立刻放手，紙杯的洞會有風跑出來喔。

實驗 17 製作紙箱空氣砲

困難度 ●●○

家裡如果有不用的瓦楞紙箱，就拿來製作空氣砲吧。拿各種東西當作標靶試射看看，就能夠感受到空氣的威力喔。

準備物品

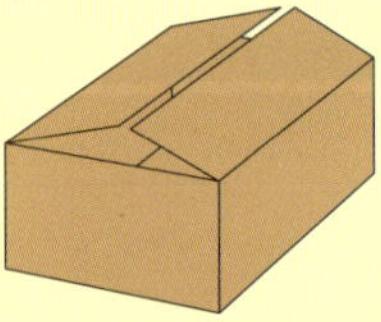

瓦楞紙箱
（可以去超市、超商索取不要的紙箱）

剪刀

美工刀

封箱膠帶

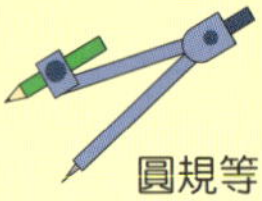

圓規等

製作標靶！

動動腦，想想看還有哪些東西可以當成標靶。

立起圖畫紙。

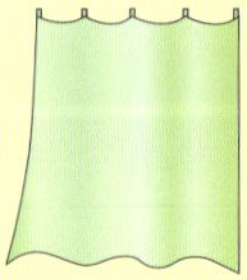

掛起窗簾或塑膠布。

注意 絕對不能對準家中容易損壞的物品射擊。此外，雖然擊出的是空氣，打到人不會造成直接的傷害，但是突然被擊中，對方也有可能因為受到驚嚇而發生意想不到的意外，請務必小心。

做法

1 在紙箱的側面開一個圓洞。圓洞直徑建議約為紙箱寬度的三分之一。用圓規畫圓，或是拿膠帶等圓形物品描圓都可以。

※先將紙箱拆開後壓平，比較容易裁切。

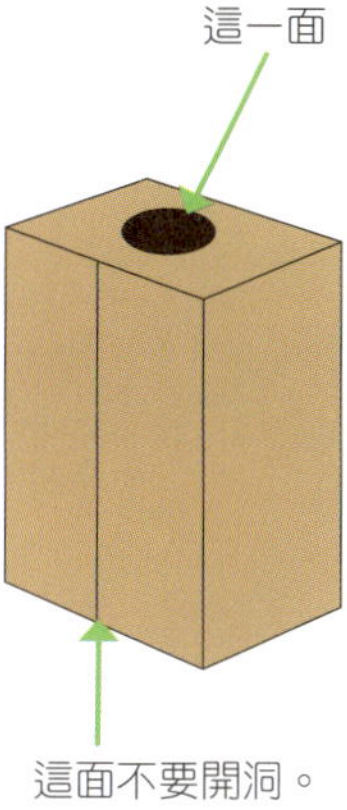

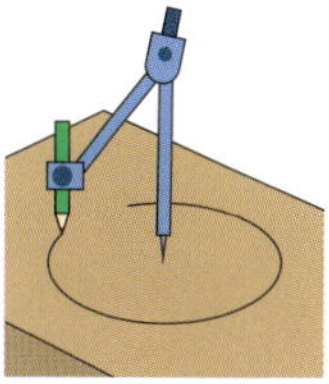

用圓規畫圓。

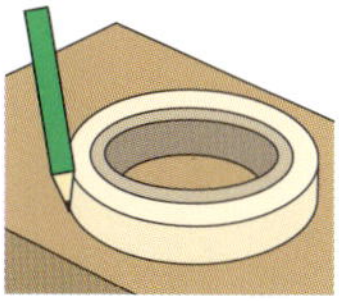

拿圓形物品描圓。

注意 使用圓規和美工刀時，要小心避免受傷。遇到困難時，要請大人幫忙。

2 組好箱子，用封箱膠帶封住所有縫隙並牢牢固定。

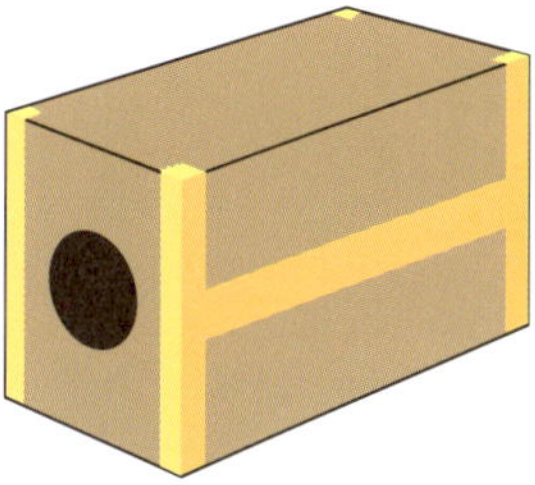

封箱膠帶貼成H字型，就能夠完全封住每一面的縫隙，避免空氣外漏，空氣砲才會更強。

玩法

抱著紙箱，手掌拍打紙箱兩側，空氣就會從圓孔噴出來。

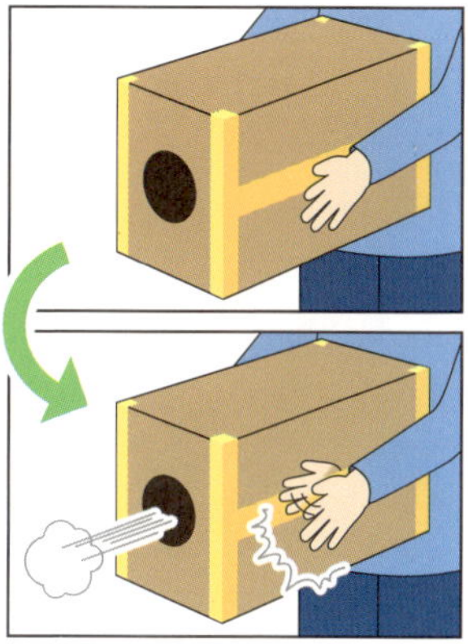

空氣雖然看不見，卻有重量

我們看不見空氣，所以很難感受到空氣的存在，但其實空氣也是有重量的物質。風也是空氣流動的一種現象，強風一吹，吹走帽子和物品，或是整個人差點被風吹走，都是大量的空氣以驚人的速度吹襲所造成的現象。

實驗 18

用墊板舉起桌椅

擺在椅凳上的墊板，卻牢牢黏緊不分開！
這也是空氣的作用喔。

困難度 ●●○

準備物品

椅子或桌子
（椅面或桌面樸素平滑的款式，不可以選用有凹凸不平的桌椅。）

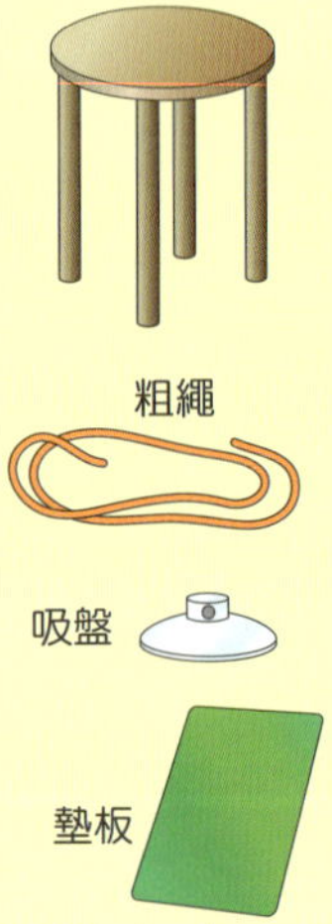

粗繩

吸盤

墊板

做法

將粗繩穿過吸盤，墊板擺在椅子正中央，吸盤吸在墊板正中央。筆直往上拉起粗繩，椅子就會連同墊板一起拉起。

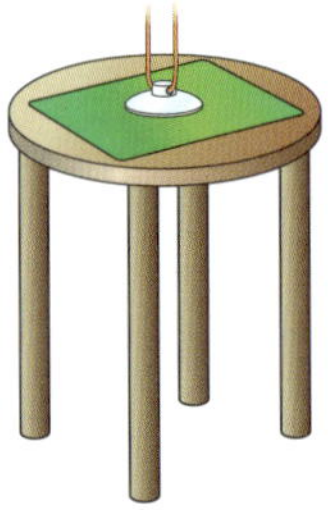

※進行實驗前，請先用抹布把椅面或桌面擦拭乾淨。

注意

※拉起粗繩時，粗繩一定要垂直地面向上拉，粗繩如果是斜拉、沒有垂直地面，空氣就會跑進墊板和椅面之間，墊板就會脫離椅面。

※椅子或桌子如果太大太重，有可能半途掉落，造成危險。請選用大小適中的款式。

墊板不會脫離是因為空氣擠壓

墊板不會脫離椅子，是因為四周空氣擠壓墊板和椅子。我們雖然看不見空氣，但其實空氣正在從四面八方擠壓所有物品。

在這個實驗中，最重要的是要確認墊板和椅面之間沒有縫隙。假如產生縫隙，空氣一旦進入，墊板就會輕易的脫落。

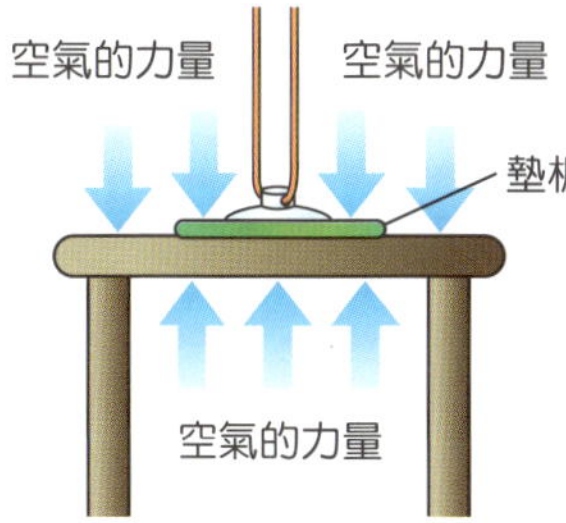

▲墊板和椅子都受到空氣擠壓，所以不會分離。

▲從縫隙進入的空氣也會擠壓墊板，所以會分離。

人類活在空氣的底層

我們在水中會很難行動，對吧？因為身體在水裡會受到來自四面八方的水擠壓，水的重量與阻力使得身體很難活動。同樣的，空氣覆蓋著整個地球，所以我們的身體也會受到來自四面八方的空氣擠壓。

從遙遠的高空到地面上都充滿空氣，因此人類可以說是生活在空氣的底層。而且，每個人類的頭上，大約承載著兩百五十公斤重的空氣。

實驗19 拿不出的袋子

困難度 ●○○

明明只是普通的塑膠袋，為什麼怎麼拿都拿不出來！

準備物品

塑膠袋1個（薄的）

橡皮筋1條

廣口玻璃瓶等（口徑要大到手能夠伸進去）

做法

1 將塑膠袋放入瓶中後展開，袋子貼合瓶身（塑膠袋和玻璃瓶之間盡量不要有縫隙）。

2 塑膠袋的開口反折套住瓶口，再用橡皮筋固定（注意避免產生空氣可以進入的縫隙）。

試著拉出玻璃瓶裡的塑膠袋試試。拉得出來嗎？

為什麼拿不出來？

玻璃瓶與塑膠袋之間幾乎沒有空氣，當試著拉出塑膠袋時，瓶內空氣的大氣壓力會大於玻璃瓶和塑膠袋之間的氣體壓力，因此塑膠袋才會難以拉出。

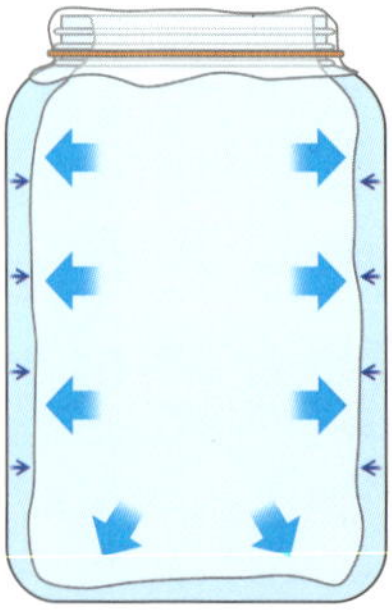

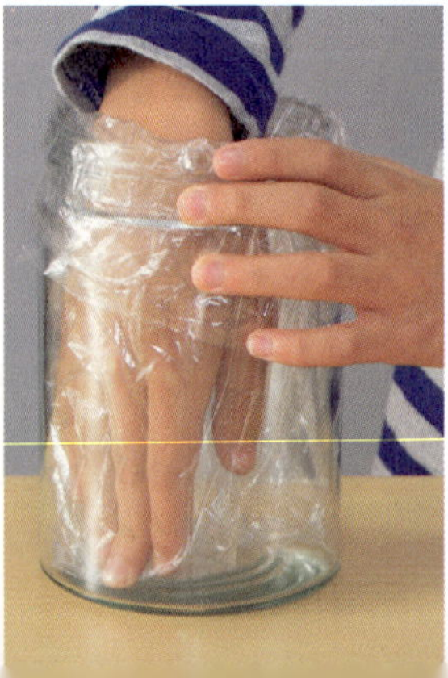

實驗 20

吹不起來的氣球

困難度 ●○○

裝進寶特瓶裡的氣球，不管怎麼努力吹，都無法膨脹！

準備物品

寶特瓶1個

乳膠氣球1個

做法

先把氣球塞進寶特瓶裡，然後將氣球吹口反折套在瓶口上。

以嘴巴含著裝上氣球的寶特瓶，試著吹大氣球看看。是不是不管你怎麼努力吹，氣球都不會膨脹。

氣球為什麼不會膨脹？

寶特瓶裡面有空氣，當你吹氣想要使氣球膨脹時，吹入的空氣會擠壓寶特瓶內的空氣，但是寶特瓶很難膨脹，寶特瓶內的空氣又無處可逃，只能把氣球推回去，因此氣球不會膨脹。

實驗 21

自膨脹的氣球

困難度 ●●○

這次是不用吹，氣球自動就會膨脹的實驗。

準備物品

毛巾

寶特瓶 1個

可以耐熱的類型※

約80℃的熱水

乳膠氣球 1個

※寶特瓶底部的編號若為「1」，則可耐熱 60～85℃且只能使用一次。編號「7」的透明塑膠瓶，則可耐熱 120～130℃。

做法

1 把熱水注入寶特瓶中。

注意 小心別被熱水燙傷。

2 倒掉熱水。

注意 這時寶特瓶會很燙，請先用毛巾或是布包好再拿，避免燙傷。※這部分盡量請大人幫忙。

3 立刻套上氣球。

倒掉熱水之後，立刻將氣球塞進寶特瓶裡，氣球吹口反折套住瓶口。

※必須趁著寶特瓶冷卻之前裝好氣球。

※如果希望氣球快點膨脹，可以用冷水冷卻寶特瓶。

氣球為什麼會膨脹？

氣球膨脹是因為四周的空氣擠壓氣球。

1 在放入氣球之前，寶特瓶裡有滿滿的空氣。

2 熱水倒掉後，寶特瓶裡充滿水蒸氣，也因此空氣被擠壓出去，瓶內只剩下較少量的空氣。

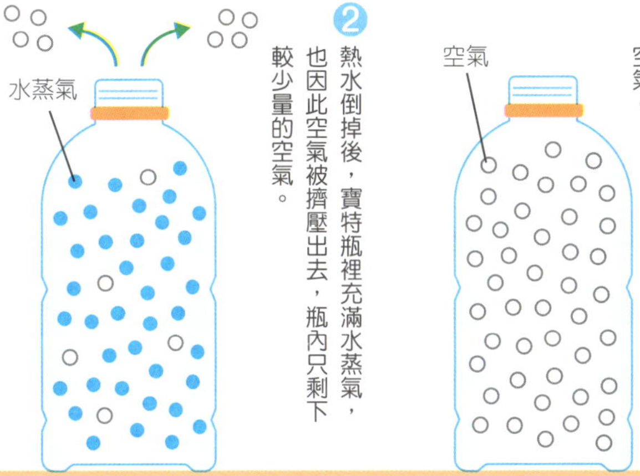

3 套上氣球後，空氣就無法進入瓶內。

4 水蒸氣冷卻凝結成水，此時，寶特瓶內的空氣因為變少而導致壓力下降，相較之下，從外面進入氣球內側擠壓的空氣壓力較大，所以氣球因此而膨脹。

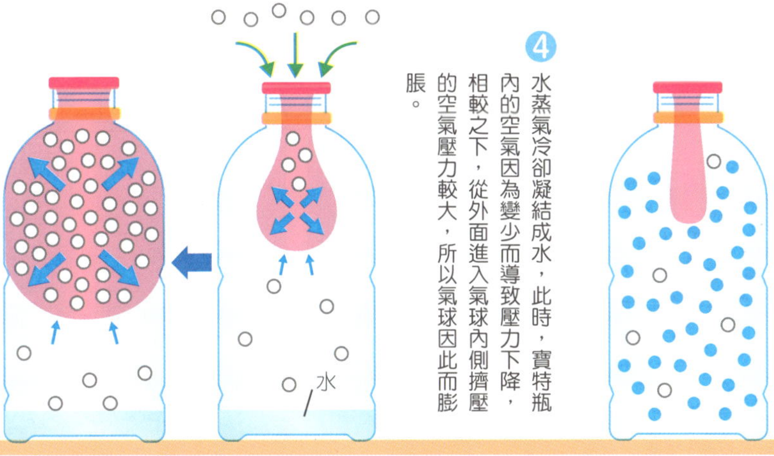

※泡水冷卻寶特瓶，氣球就會快速膨脹，這是因為寶特瓶快速冷卻後，水蒸氣也會快速冷凝成水。

國際太空站的空氣為什麼不會跑出去？

如同一一五頁提到的內容，假如從國際太空站直接開門進入太空，站內的空氣就肯定會一口氣全衝出去。為了避免這種情況發生，國際太空站上有一個稱為「氣閘艙」的小空間。

氣閘艙是一個能夠進氣、抽氣的空間。太空人要去國際太空站外面時，會先穿著太空裝進入氣閘艙，關好門後開始抽氣，等艙內的空氣完全抽光後，往外的氣密門才會開啟，讓太空人進入太空。

進入太空站時的步驟則是反過來，進入氣閘艙後，外氣密門關閉，艙內開始進氣，等灌滿空氣後，通往內艙的氣密門才會開啟。國際太空站就是利用這種方式防止空氣移出。

▲太空人來到國際太空站外面的太空裡進行艙外活動。 照片：NASA

氣閘艙的構造

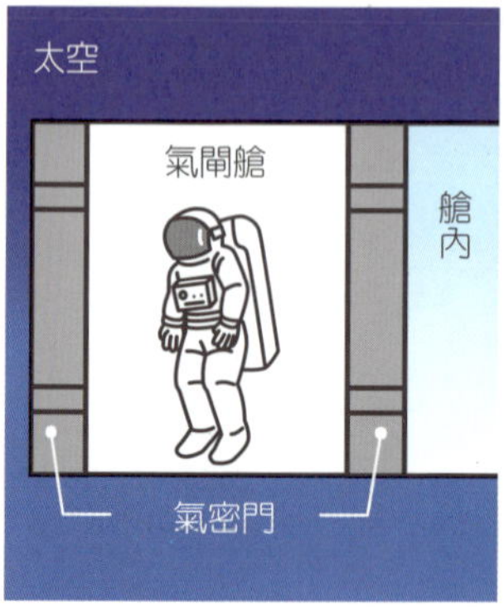

空氣能夠停下公車？

各位是否注意到過，每次公車停下時都會聽到「噗咻」的聲音？這其實是稱為「氣壓式煞車系統」的裝置所發出的聲音，它的原理是利用空氣推擠物體的力量發揮煞車作用。以這個方式產生的煞車力很強，所以經常用在大型客運汽車和卡車上。

此外，高鐵的車門在開啟和關閉時，也會發出「噗咻」的聲音，那也同樣是利用空氣的力量啟動車門。除此之外還有利用空氣力量驅動的機器人。空氣的力量不只強大，只要調整空氣量，就能夠流暢活動，因此空氣的威力，可運用在各式各樣的機械上。

下雪機

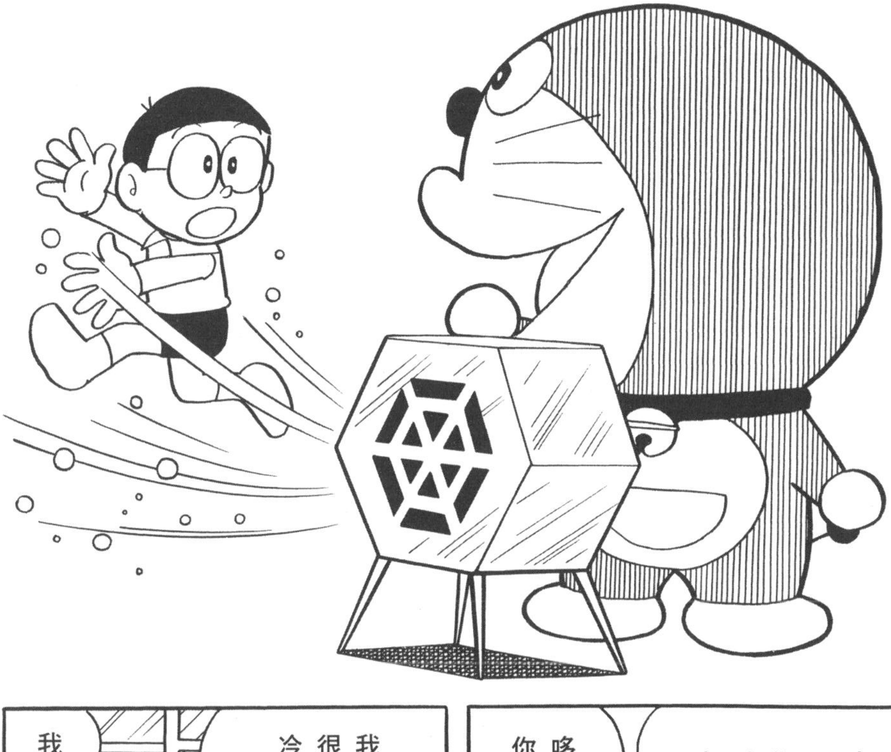

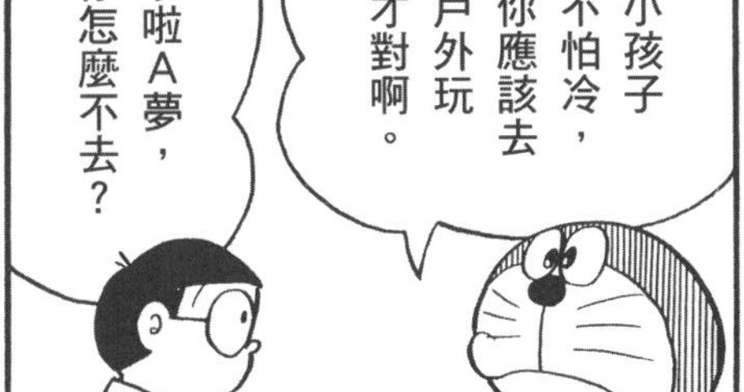

小孩子不怕冷，你應該去戶外玩才對啊。
哆啦A夢，你怎麼不去？

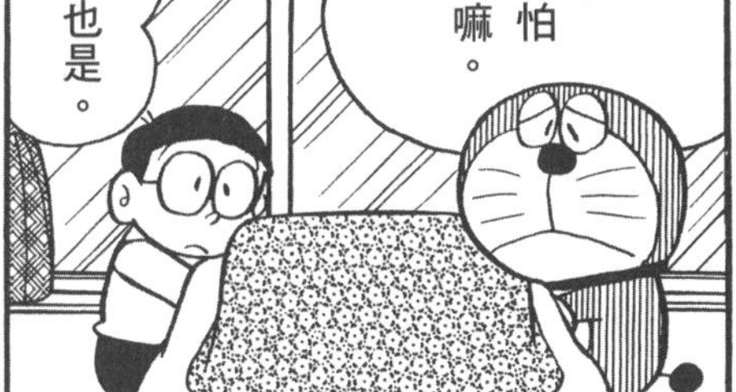

我很怕冷嘛。
我也是。

※飄落

チラ
是雪耶。
來堆雪人吧！
雪一下子就停了。
原來如此，
只要下雪你就肯去外面玩嗎？
那是什麼？
「下雪機」。
一點也不冷耶。
因為這是人工雪花。
也不會熔化喔。

※噴出

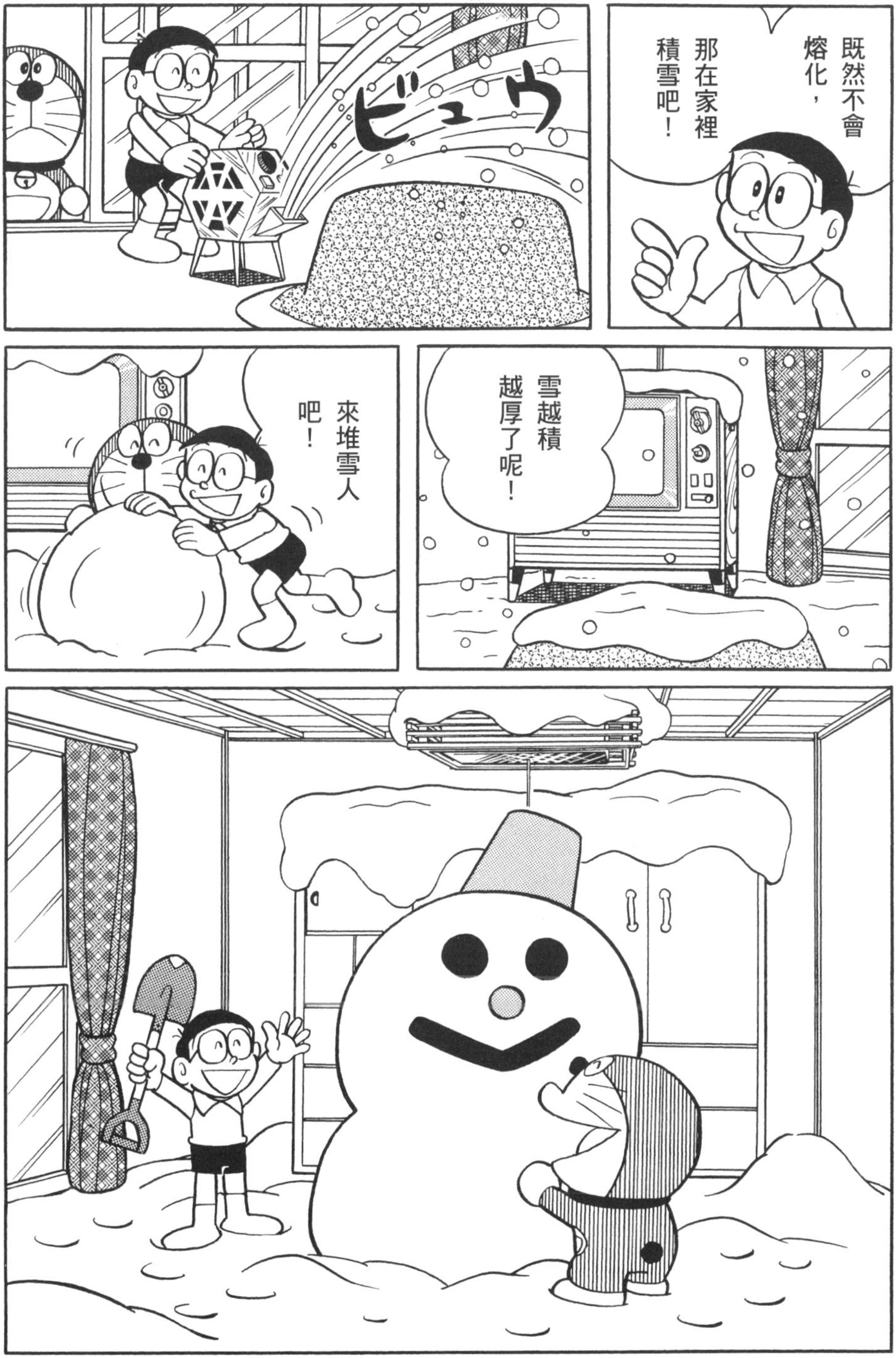

既然不會熔化，那在家裡積雪吧！
ビュウ
雪越積越厚了呢！
來堆雪人吧！

把家裡變成冰宮吧！
反正媽媽也不在。
可是……
萬一媽媽回來我會被罵耶。
用上這個超級吸塵器，五分鐘就能清乾淨了。
下雪吧！下雪吧。
下越多越好。
用雪把房子覆蓋起來。
喂~~各位~
一起去冰宮玩吧。

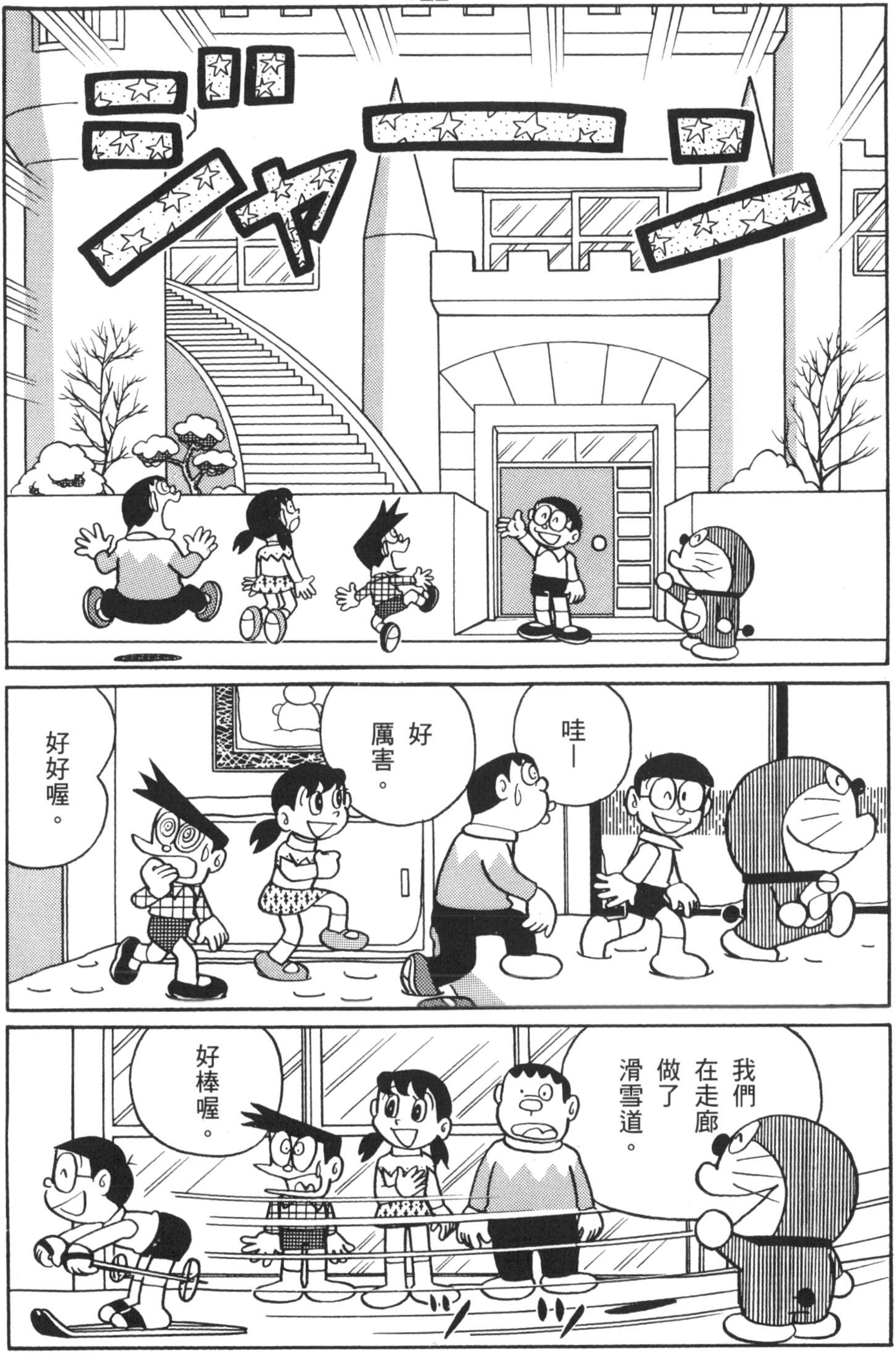
ジャーン
哇—
好厲害。
好好喔。
我們在走廊做了滑雪道。
好棒喔。
※登登

※噴出

小夫把下雪機拿走了。
救……命……啊……
我不知道該怎麼讓「下雪機」停下來。
小夫！媽媽絕對饒不了你！

實驗 22

製作結晶森林

困難度 ●●○

LEARNING WORLD

結晶

前一日是這個狀態！

準備物品

洗碗精

衣物上漿劑

選擇成分是PVA（聚乙烯醇）的產品。

廚房紙巾

只要是可吸水的材質，用圖畫紙等也可以。

紅色食用色素

只是為了上色，用水性筆也可以。

量杯

- 剪刀
- 釘書機

尿素

肥料的材料，在居家修繕或園藝店等可購得。

紙杯

容量約200毫升的大小

熱水

約60℃

紙盤子

※結晶會往下擴展，不想弄髒桌面的話，建議在紙盤子上進行。

免洗筷

（攪拌用）

滴管

這些色彩繽紛、一叢又一叢的森林，居然是尿素的結晶！建議最好是在氣溫低且乾燥的冬天挑戰這項實驗。

做法

1 加入熱水溶解尿素。

在紙杯內裝入半杯（約一百毫升）尿素，然後加入七十毫升的熱水。仔細的攪拌直到尿素完全溶解。

※等到完全溶解需要一點時間，請耐心的努力攪拌吧。

注意 小心燙傷！

重點

尿素的吸熱反應

● 尿素加熱水攪拌均勻後，杯子會迅速降溫。這是因為尿素遇水溶解後，具有奪走附近熱能的特性，稱為「吸熱反應」。

2 加入衣物上漿劑和洗碗精。

在尿素溶解液中，各加入四滴衣物上漿劑和洗碗精（加入過量會失敗喔。加入衣物上漿劑時請用滴管等）。

如想用紅色食用色素上色，可以最後再加入混合。（※選擇用水性筆上色的話，可直接進入步驟3）。

3 裝好廚房紙巾

將廚房紙巾捲成圓筒狀，用釘書機固定，按照圖中的方式，把廚房紙巾剪到圓筒的一半，剪成一條條的條狀，然後插入裝著尿素液的杯子裡。

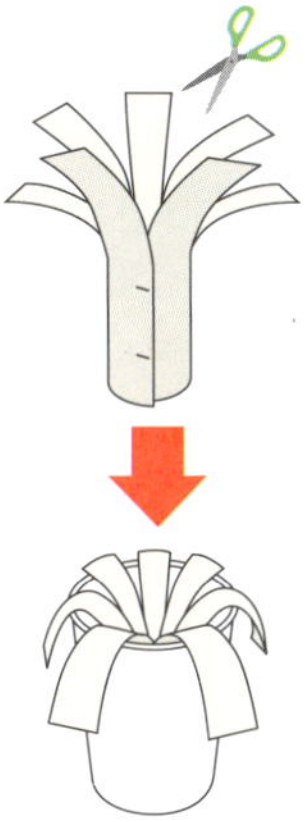

※選擇用水性筆上色時，可事先把顏色塗在廚房紙巾上。

結晶逐漸變大了！

▲廚房紙巾上形成小小的結晶。水分蒸發，尿素就會變成結晶。

▲一天之內就會變這麼大。在尿素液蒸發完畢前，都會持續長大喔。

注意 在高溫高溼的季節及下雨天，結晶形成的速度緩慢。可配合季節利用空調等調整室內的氣溫與溼度。

實驗 23

製作亮晶晶的結晶

困難度 ●●○

我們來做閃閃發亮的明礬結晶吧！

準備物品

明礬
使用西藥行、化工材料行等購買的「鉀明礬※」。

玻璃杯
（容量約300毫升的尺寸）
選擇透明的款式，更能夠清楚觀察到結晶形成的過程喔。

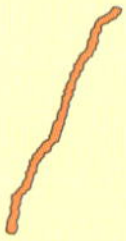

毛根
也可以選用其他物品讓結晶附著。

量杯

熱水
約60℃

縫衣線

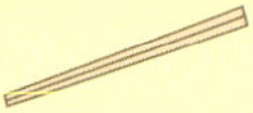

免洗筷
用來混合液體，以及吊掛毛根。

※「鉀明礬」是十二水合硫酸鋁鉀，外觀為白色細小晶體。

做法

1 加入熱水來溶解

明礬

在杯中裝入七分滿（約兩百毫升）的明礬，然後加入兩百毫升的熱水。慢慢攪拌直到明礬完全溶解。

注意 小心燙傷！

2 浸泡毛根

將毛根凹折成喜歡的造型，用縫衣線掛在免洗筷上，垂降到明礬溶液裡。

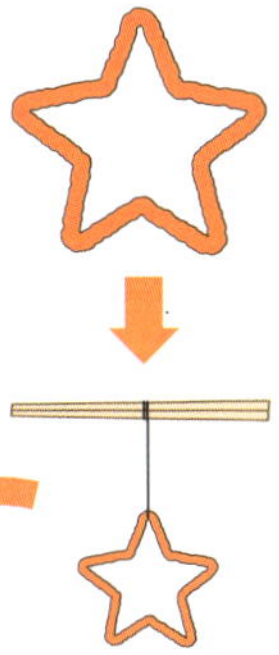

經過一段時間之後，明礬的結晶就會附著在毛根上。結晶逐漸變大，最後就會完成右頁照片中亮晶晶的結晶。

冬天的話，大約一個小時就能夠形成結晶。

※建議在氣溫低的冬天進行實驗。氣溫太高，不利於結晶形成。

結晶是什麼？

影像來源／James St. John via Wikimedia Commons

影像來源／Didier Descouens via Wikimedia Commons

影像提供／日本西尾市鹽田體驗館

所有的物質都是由肉眼看不到的微小粒子（原子、分子等）集結構成。而結晶就是形成該物質的小粒子整齊排列成的立體結構。

不同物質的粒子排列方式皆不盡相同，例如尿素是針狀、明礬是正八面體等，各物質的結晶形狀也各有特色。

在我們日常生活中常見的鹽，也是一種結晶，如上方的照片所示，鹽的結晶呈現為骰子狀。其他如鑽石、紅寶石、水晶等礦石也都是結晶喔。

為什麼尿素會產生結晶？

廚房紙巾沾到溶解在熱水裡的尿素溶液，溶液會慢慢的逐漸滲入紙巾，然後擴散到紙巾各處。比起直接裝在杯子裡，這種方式更容易讓尿素液的水分蒸發。水分一旦減少，能夠溶解的尿素量也會減少，無法溶解的尿素就會變成漂亮的結晶出現。

水被紙吸上來，擴散在薄紙上的水分更容易蒸發到空氣中。

另外，在尿素液裡加入洗碗精是為了降低水的表面張力，讓廚房紙巾更容易吸收尿素液。而加入衣物上漿劑的目的則是為了強化結晶，避免結晶破碎。

為什麼明礬會產生結晶？

水溫越高，能夠溶解的明礬也就越多。以實驗23的鉀明礬來舉例，攝氏六十度的熱水，每一百毫升可溶解約五十七點四公克的明礬，但攝氏二十度的水，每一百毫升只能溶解約十四公克。因此攝氏六十度的熱水降溫到二十度時，這個大約四十三點四公克的落差就會變成結晶。

慢慢花時間冷卻，更能夠產生又大又漂亮的結晶喔。

再者，明礬可以分為「鉀明礬」和「燒明礬」。燒明礬是鉀明礬加熱去除結晶水後的產物，燒明礬溶解在水裡的用量相對比較少。請各位參考下表實驗看看。

100毫升的水可溶解的明礬粗估量

溫度（℃）	0	20	40	60	80
鉀明礬（公克）	5.7	14.0	23.8	57.4	195
燒明礬（公克）	3.0	5.9	11.7	24.8	71.0

雪是來自天空的信

雪也會產生漂亮的結晶。日本的中谷宇吉郎博士就是受到雪結晶之美所感動，因而投身研究。博士提出的結晶分類，也已經成為全球共通的標準。

博士其他的研究還有「在什麼樣的氣象狀態下，能夠看見什麼樣的結晶」，並在一九三六年成功製造出人造雪，成為世界首例。他發現雪的結晶形狀，會受到氣溫和水蒸氣量的影響而改變。換句話說，只要觀察降下的雪結晶，就能夠判斷高空中的狀態。博士因此表示：「雪的結晶，就是天空寫給我們的信」。

照片：中谷宇吉郎紀念館

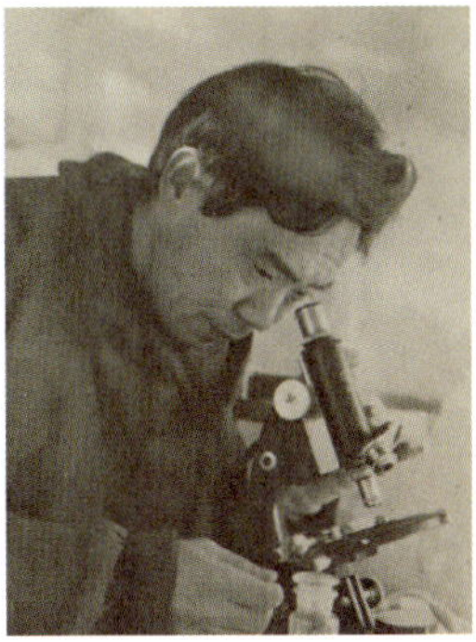

照片：日本國立國會圖書館「近代日本人的肖像」

（上）中谷宇吉郎博士拍攝的雪結晶。（下）正在用顯微鏡觀察的中谷博士。

中谷宇吉郎博士提出的雪結晶分類圖

根據中谷宇吉郎「Snow Crystals」（哈佛大學 1954 年出版）製表　圖片：中谷宇吉郎 雪之科學館

超級電池

還我啦。
你為什麼要把球裝在電燈上？
啊啊……你打破燈泡了啊。
你真的很笨耶。
等到晚上不就穿幫了嗎？
用手電筒還好一點。
這個太暗了，不行啦。
使用這個「超級電池」就沒問題了。
裝上這顆電池……

哇啊啊！好亮喔。
這個電池真厲害。
你還有嗎？
還有很多呢。
這個可以裝在任何東西上喔。
我的機器人也剛好沒電了。
※嘰嘰嘰
開始動了。
動作比之前強而有力呢！
也太強而有力了。
快點把電源關掉!!
ガガガ
ガガ

※槓槓槓、槓槓

好棒的電池喔。
裝在我們家所有的電器上吧！
不行啦。
動力太強是很危險的。
那就裝在你身上。
ワア
※哇啊
我停不下來啊。
好強的效力!!
裝在吸塵器上吧！
吸塵器沒有可以裝電池的地方，
那就隨便塞進去吧。

冰箱也裝。
裝在吹風機上應該很好玩。
其他還有很多……
不要把家裡弄亂啦。
客人就要來了。
でんき
你要用吸塵器嗎？
對啊。
※吸～
ズ
房裡的東西都被吸得亂七八糟。
又是你在惡作劇。

請問有人在家嗎？
請進。
冰箱裡還有冰啤酒嗎？
※凍～
哈啾!!
突然變冷了喔。
我把電暖爐拿來了。
※轟
カーッ
好燙啊啊!!

電力太強，
也不是好事喔。
※嘩啦
對不起，我馬上幫你們吹乾。
※砰
救我啊！哆啦A夢!!
只能等電池沒電，不然沒有其他辦法了！

實驗 24

製作水果電池

困難度 ●●●

電池

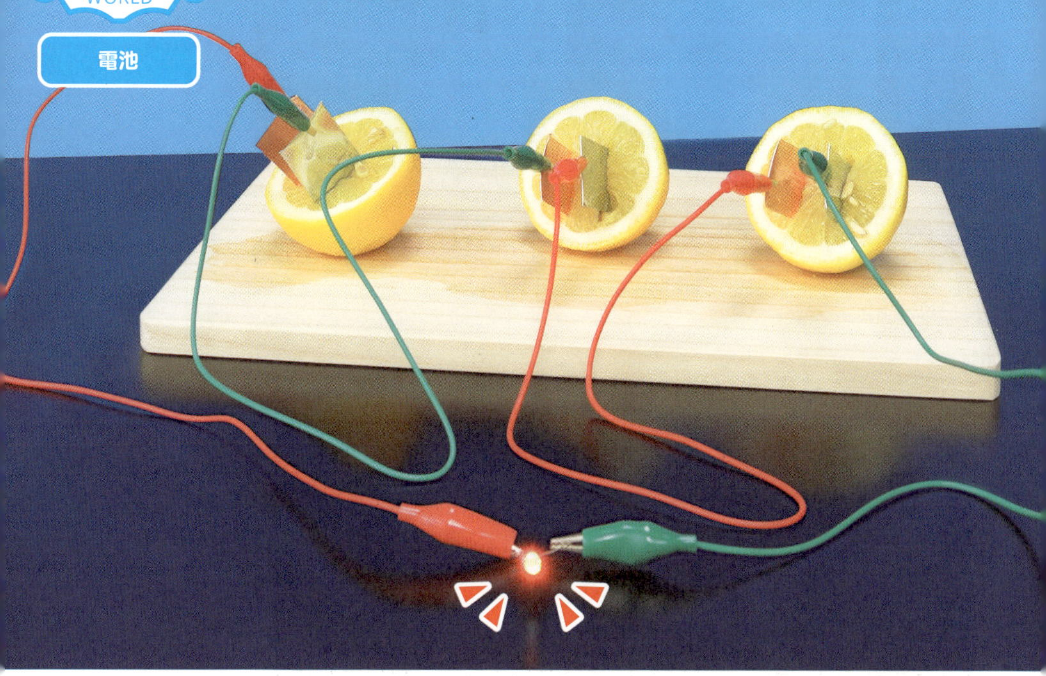

不需要乾電池！LED燈靠檸檬發電發光！

準備物品

檸檬2顆

紅色LED燈1個

※低電壓的產品最適合。這項實驗使用2V左右的LED燈。

雙頭鱷魚夾連接線4條

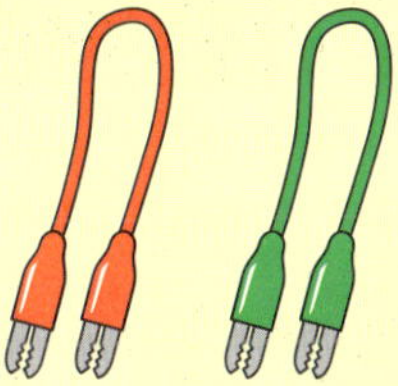

銅片3片

鋅片3片

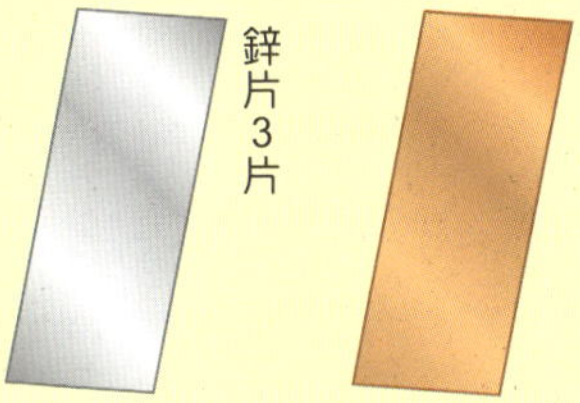

※裁切成約2.5公分×2.5公分的大小。鋅片亦可用「白鐵※」替代。

※LED燈、鋅片、銅片、鱷魚夾連接線等，都可以在水電材料行或五金行購得。

注意

鋅片、銅片可用剪刀剪開。薄金屬片很容易割到手，所以盡量請大人幫忙。

※ 白鐵是鍍鋅鐵板，也就是鐵皮屋頂的材料。

做法

1 檸檬切成兩半。

※使用刀子時，請務必要有大人陪同進行。

2 把鋅片和銅片插在檸檬上。

盡量插深一點。要小心別讓鋅片和銅片貼在一起。

注意 小心別被鋅片和銅片割到手。如果覺得困難，可請大人幫忙。

3 做好3組**2**，然後用鱷魚夾連接線相連。

按照照片示範的方式，用鱷魚夾連接線連接銅片和鋅片。

4 把LED燈腳稍微掰開一些。

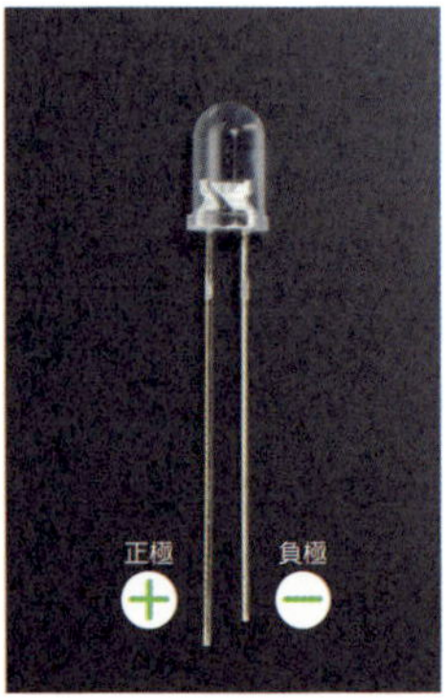

燈腳的短腳是⊖負極，長腳是⊕正極。

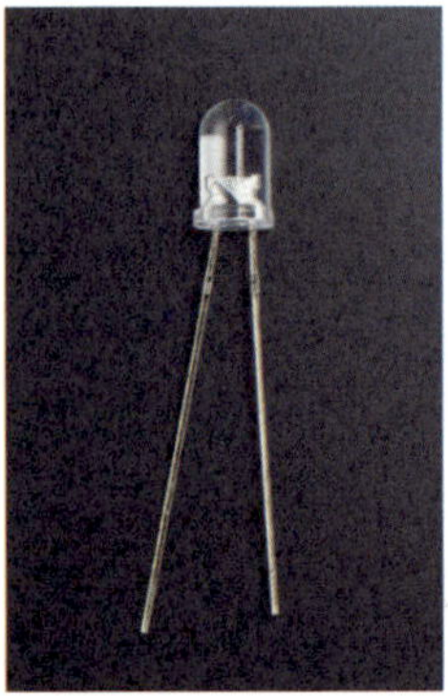

燈腳稍微掰開，方便鱷魚夾連接。

注意 小心別過度用力，以免掰斷。

為什麼使用紅色LED燈？

因為紅色的LED燈只需要很低的電壓就能夠點亮。

5 將鱷魚夾的連接線與LED燈連結。

來自鋅片的連接線接上負極，銅片的連接線接上正極。

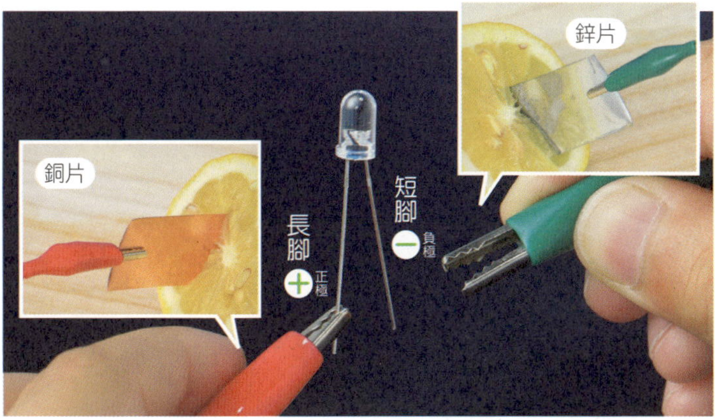

注意

實驗用過的檸檬，請勿食用！

鋅片的鋅有可能溶出於檸檬裡，所以實驗結束後要把檸檬丟掉。

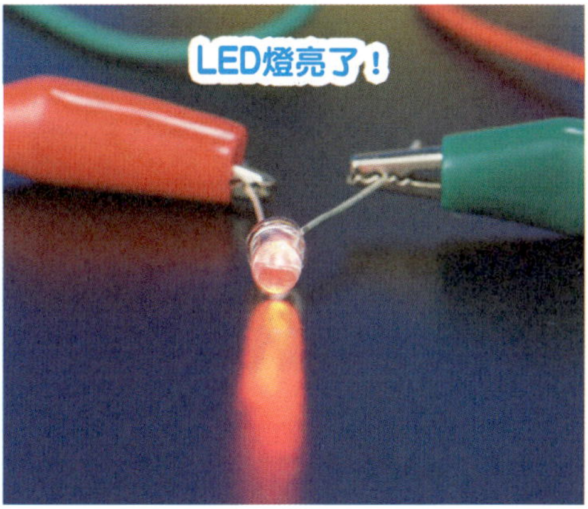

試一試

如果把檸檬增加到五顆，會不會製造出更多的電呢？如果使用比檸檬更大的葡萄柚，並且換成更大片的鋅片和銅片，會不會製造出更多的電呢？改用白蘿蔔等蔬菜也可以嗎？各位可以多方嘗試看看喔。

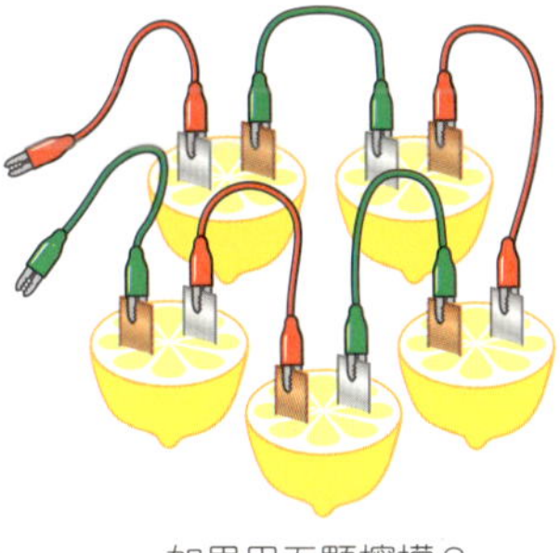

如果用五顆檸檬？

如果改用葡萄柚？

實驗25 製作硬幣電池

困難度 ●●○

居然可以用鋁箔紙和
一元硬幣發電！
讓LED燈發光吧！

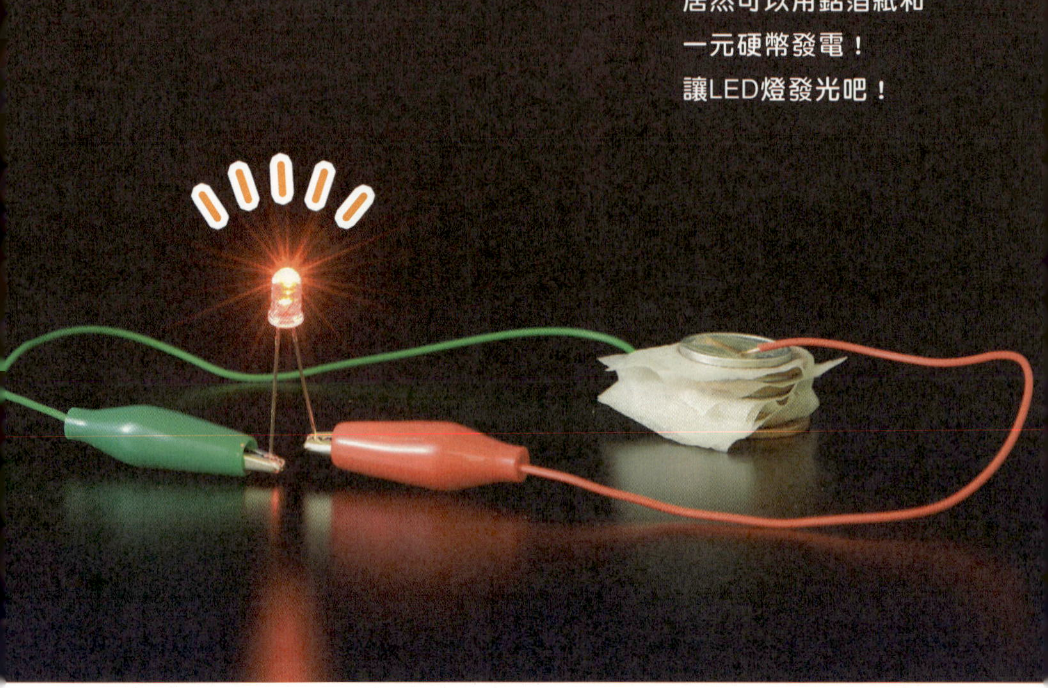

準備物品

上面的照片使用兩條單頭鱷魚夾連接線。

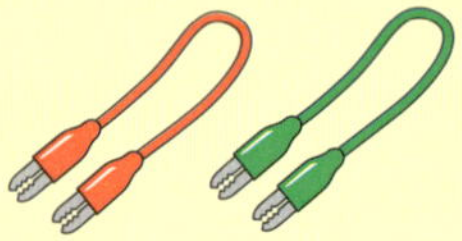

兩條都是單頭鱷魚夾連接線，把電線末端的絕緣皮剪開，露出裡面的銅芯。

※也可以按照左頁3的方式，不使用連接線，直接用LED燈的燈腳接觸「硬幣電池」。

檸檬汁等果汁

紅色LED燈1個

※低電壓的產品最適合。這項實驗使用2V左右的LED燈。

鋁箔圓片5片

※用鋁箔紙剪成一元硬幣的大小。

一元硬幣5枚

※請選擇乾淨的硬幣。
因為會用到錢，請務必告知父母後再進行實驗。

廚房紙巾5張
（裁切成比硬幣略大的大小）

※ 鋁箔紙是廚房用品，在一般超市等均可買到，通常與保鮮膜放在同一區。

做法

1 吸收檸檬汁的廚房紙巾夾在鋁箔圓片和一元硬幣之間。

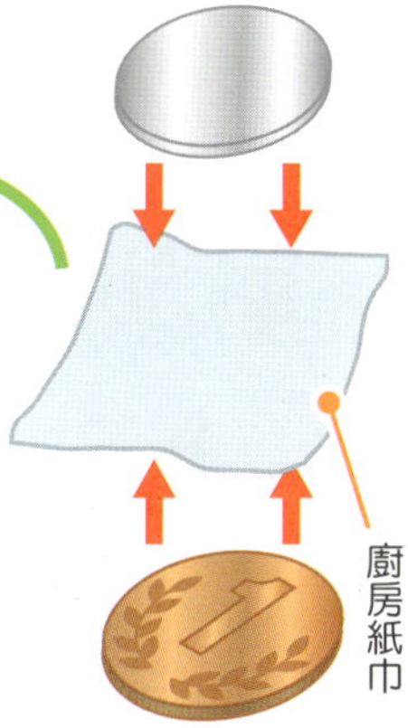

這樣就是一組電池！

一組硬幣電池完成了，但只有這樣電壓太低，無法使LED燈亮起。

廚房紙巾不可以移位，鋁箔圓片和一元硬幣不能直接相貼，這三項材料必須仔細疊好。

2 將五組同樣的硬幣電池疊在一起。

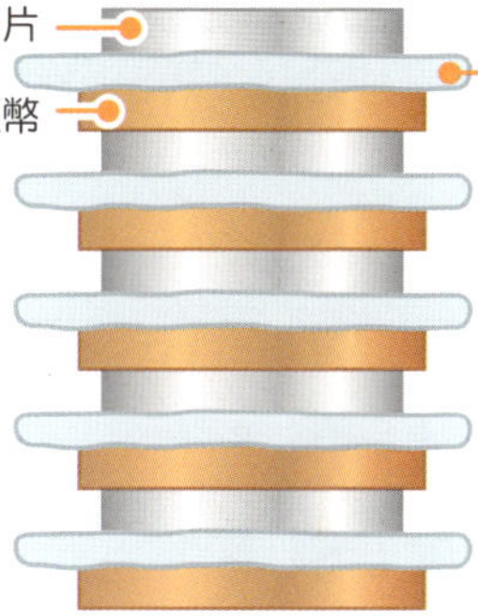

3 LED燈的負極接觸鋁箔圓片，正極接觸一元硬幣。

LED燈的燈腳，短腳是⊖負極，長腳是⊕正極。

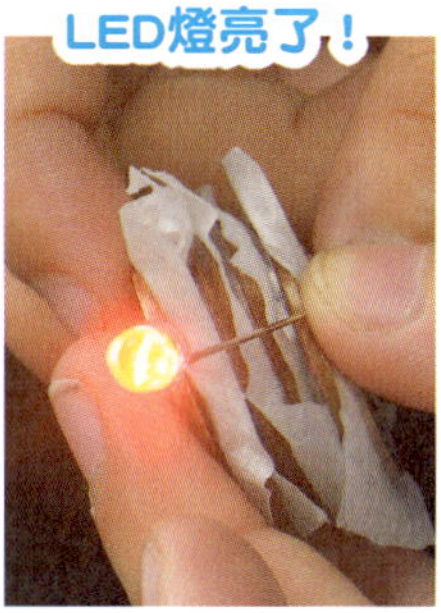

不使用連接線，直接拿LED燈接觸硬幣電池，燈也會亮起喔！

為什麼會變成電池？

鋁箔圓片是鋁，一元硬幣是含百分之九十二銅的合金。電池是由兩種金屬，以及可以讓電流通過的液體所組成。只要以銅為⊕正極，鋁為⊖負極，就能通電了。

重點

廚房紙巾乾了之後，電池就會失去效用，沒辦法再點亮LED燈。這個時候就必須重新製作電池。先將鋁箔圓片和1元硬幣清洗乾淨，洗掉檸檬汁後擦乾，就能夠再次使用。

電池在大約兩百年前發明

各位看到用檸檬和硬幣就能夠做出電池，是不是很吃驚？不過，這些其實就是世界上第一顆電池的構造喔。

只要使用兩種金屬，以及能夠導電的液體，就能生電，發現這件事的人是十八世紀的義大利科學家亞歷山卓·伏打（Alessandro Volta）。

一七九一年左右，有一位科學家發現用兩種金屬碰觸死青蛙的腿，蛙腿就會抽搐，因此發表了「青蛙會產生電」的主張。但是，伏打想起另外一位科學家「用兩種金屬夾著舌頭，就會嚐到怪味」的實驗，於是他推斷：「產生電的或許不是青蛙，而是兩種金屬？」

持續研究的伏打，在一七九九年左右，在兩種金屬中間夾入泡過鹽水的紙片或布片後，注意到有微弱的電產生。於是他決定把同樣的組合做幾十組，然後疊在一起試試，實驗發現電持續流動一段時間。這個產生電的裝置後來被稱為「伏打電堆」，構造與實驗25的硬幣電池相似。

伏打的肖像畫。伏打測試過好幾種金屬，發現金屬組合不同，電壓也不同。

伏打電堆

影像來源／Luigi Chiesa via Wikimedia Commons

影像來源／Kurzon

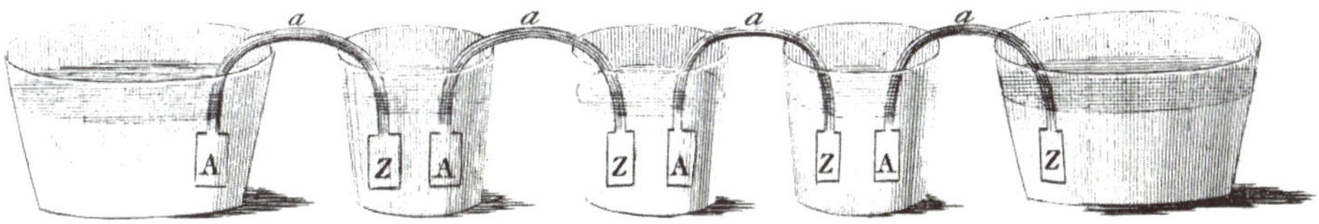

當時畫出來的伏打電池圖，是將兩種金屬插入容器的液體裡，再以連接線相連。

伏打後來反覆實驗，不斷的改良裝置，最後終於想出將兩種金屬板插入裝著稀硫酸液體的容器中，藉此產生電的方法。於是，伏打就這樣發明出可以連續產生電的裝置「電池」。這是發生在一八〇〇年的事情。

這一項發明開啟了電力時代。後來的許多研究者前仆後繼，發明各種使用電力的機械，促使人類的文明急速發展。

順便補充一點，電壓的單位V（Volt，伏特）就是來自伏打的名字Volta。

水果電池是電池的原型

實驗24的水果電池，與伏打電池的構造相同，也可以說是電池的原型。插在檸檬上的鋅片與銅片透過連接線相連，鋅就成了負極，銅是正極，「電子」就會從鋅經由導線移動到銅，此時就會產生電流。而檸檬汁就是與伏打電池的稀硫酸扮演相同的角色。

到了現代，市面上已經有各式各樣的電池，使用的金屬與液體也形形色色，不過基本架構都還是維持使用兩種金屬與液體。

檸檬電池的構造

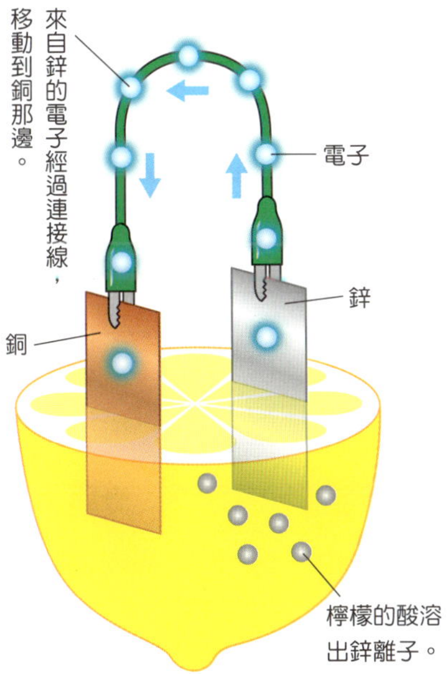

來自鋅的電子經過連接線，移動到銅那邊。
電子
鋅
銅
檸檬的酸溶出鋅離子。

從電池的進化到乾電池的發明

自從伏打發明電池，開啟了電力時代之後，人們開始追求性能更加優異的電池。伏打電池的缺點是，使用時產生的氫氣會干擾裝置反應，使得電流漸漸不再通過。因此在一八三六年，英國人丹尼爾發明鋅銅電池（或稱丹尼爾電池），使用可以隔開兩種液體的容器，延長反應時間。

到了一八六八年，法國人勒克朗社為了設法拿掉干擾反應的氫氣，發明了在正極使用二氧化錳的鋅錳電池，大幅提升了電池的性能。

只不過此時的電池仍然使用液體，內容物容易外漏，所以如果需要搬運或移動就會很麻煩。於是，到了一八八八年，德國人加斯納在液體中混入熟石膏和氯化銨，發明出液體不會外漏的電池。不再會有液體漏出來，因此取名為「乾電池」。

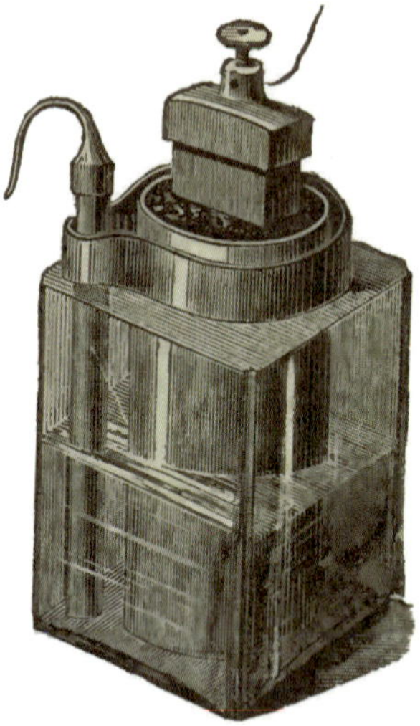

勒克朗社電池是現在仍普遍使用的碳鋅電池的始祖。
影像來源／William Edward Ayrton

發明乾電池的日本人

事實上，日本的屋井先藏也發明出與加斯納電池構造不一樣的「乾電池」，而且，他的發明還比加斯納早了一年。他在一八八七年左右發明出乾電池，卻因為沒錢，所以較晚才取得發明專利，實在很可惜。這個「屋井乾電池」的風評很好，當時在日本也廣泛使用。

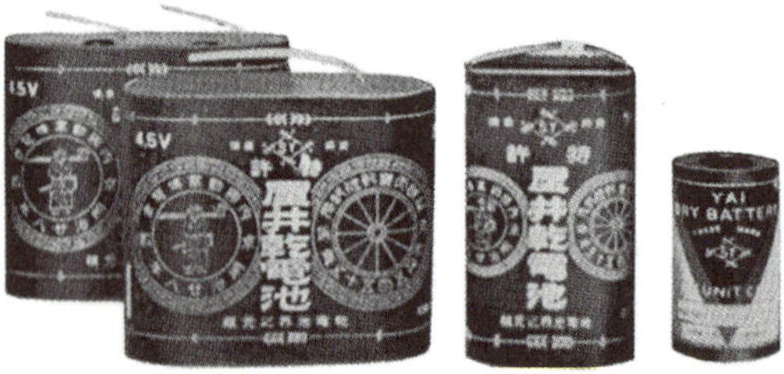

◀▼當時銷售的屋井乾電池。

照片：一般社團法人電池工業會

可儲存電力的蓄電池

一般的乾電池是一次性的，用完只能回收處理掉，如果能夠重複使用，該有多方便呢？因此，有人研究出可充電的「蓄電池」。假如金屬與液體反應後能夠產生電，那麼反過來把電傳進來，能不能使電池恢復原狀呢？

全世界第一顆蓄電池，是一八五九年法國人普朗忒發明的鉛蓄電池。後來陸續開發出鎳鎘電池、鎳氫電池等各式各樣的蓄電池。

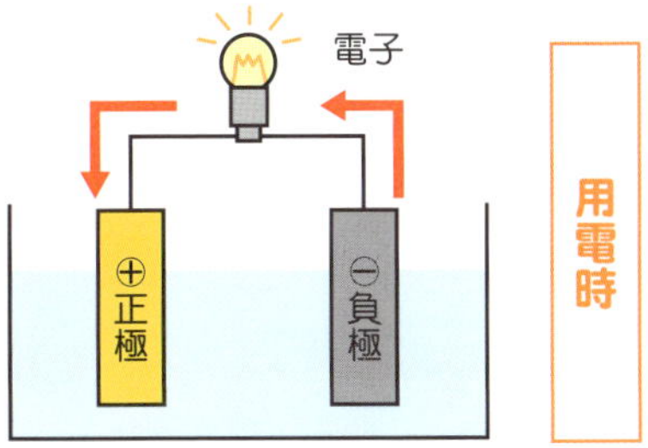

來自負極⊖的電子移動到正極⊕，電子全數移動完畢，就無法再產生電力。

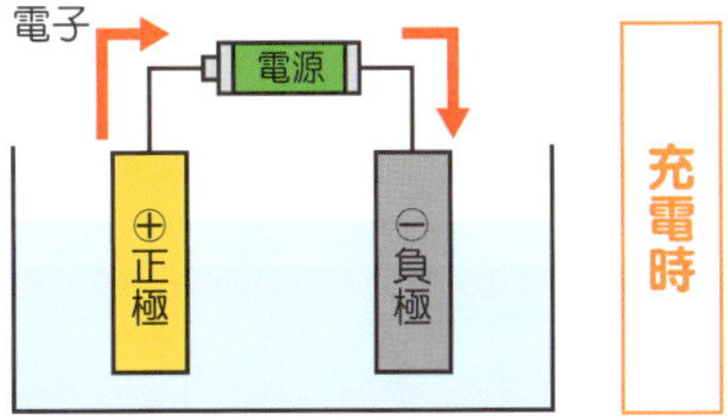

電流流入，讓原本移動到正極⊕的電子回到負極⊖。

獲頒諾貝爾獎的鋰電池

現在普遍使用的蓄電池是鋰電池（鋰離子電池）。日本的製造商則是世界第一個將鋰電池商品化，並於一九九一年開始販售。

鋰電池不僅能夠重複使用、體積輕巧，能夠儲存許多電力，而且壽命還很長。從個人電腦、智慧型手機、電動汽車、人造衛星到機器人，現在有許多東西都是使用鋰電池。此外也有助於儲存太陽能、風力等大自然能源發電的電力。

鋰電池的其中一名發明者吉野彰博士，因此項發明獲得二〇一九年的諾貝爾化學獎。相信今後，人們也將致力於開發更高性能的電池。

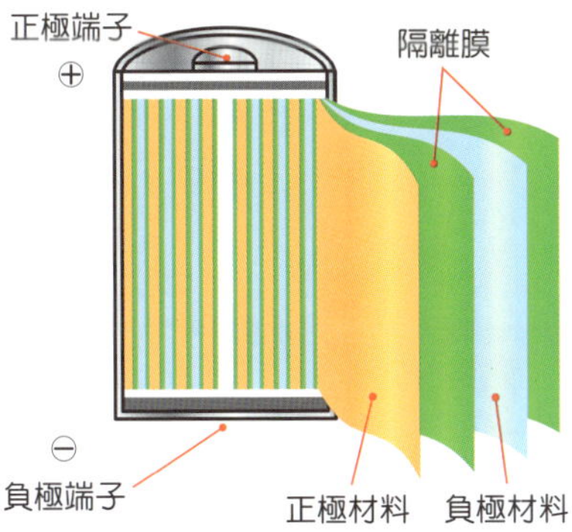

▲鋰電池的構造

徽章

N

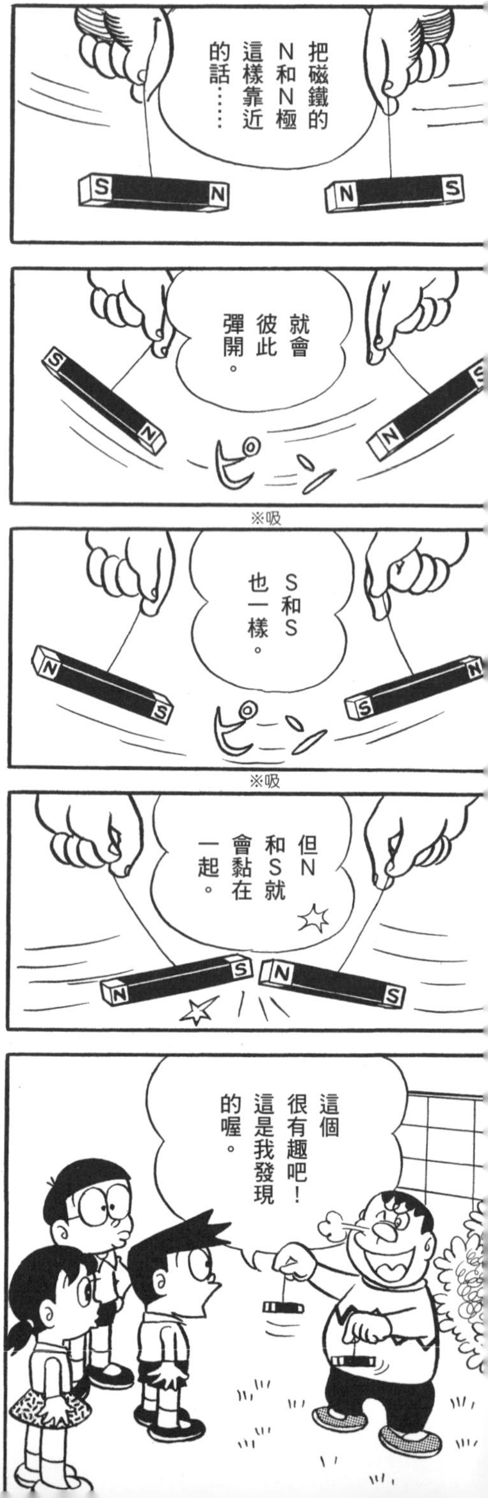
把磁鐵的N和N極這樣靠近的話……
S
N
N
S
就會彼此彈開。
ピン
※吸
S和S也一樣。
ピン
※吸
但N和S就會黏在一起。
這個很有趣吧！這是我發現的喔。

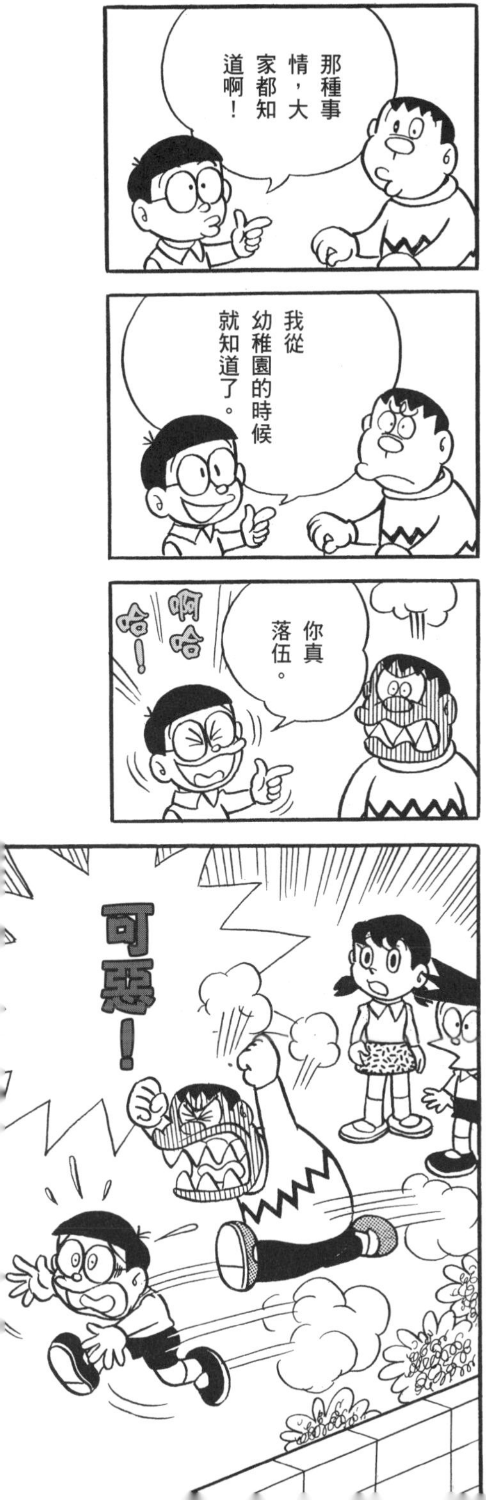

那種事情，大家都知道啊！
我從幼稚園的時候就知道了。
你真落伍。
啊哈哈！
可惡！

N·S

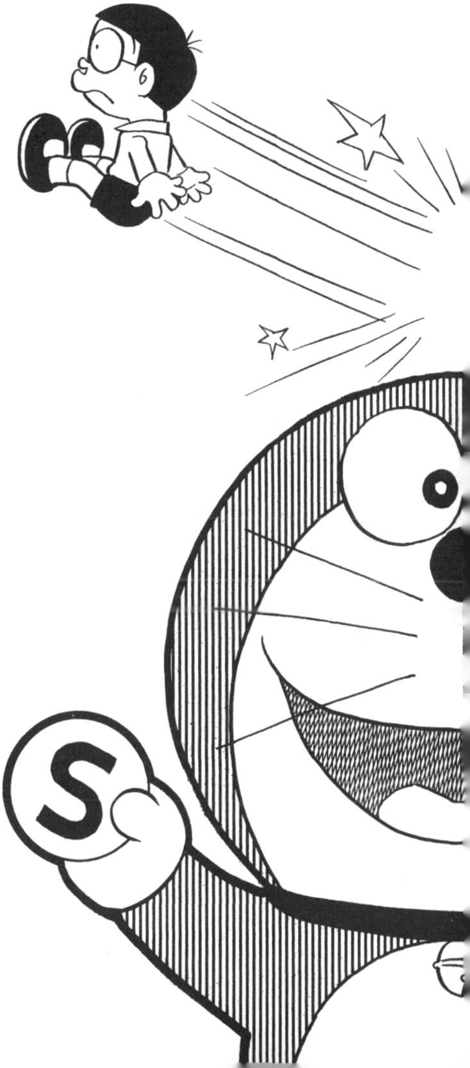

竟然讓我在那麼多人面前丟臉!!
這種恥辱我不會忘記的!!
只要讓我看到一次，我就揍你一次!!
竟然說那種話……
你也太多嘴了。
想想辦法啦。
就算叫我想辦法……
住在同一個城鎮，又上同所學校，
不管怎樣都會碰到的……
對了！
不要見面就行啦！
你要借東西給我嗎!?
「N·S徽章」。

把這個貼在對方身上，有同樣標誌的，就會相斥，不同的就會相吸。
實驗看看吧！
貼上N。
這裡也貼上N。
爸爸在叫你，很急喔！
真的嗎？
什麼事啊？
急忙趕到
※彈開
?
看！彈開了吧！

有什麼事……？
搞什麼啊？
喂！
看到人就躲開，感覺很差耶!!
又不是我自己要彈開的！
ピョン
ピョン
※彈開
吵架了。
只要把一方的徽章換掉就行了。
貼緊
黏住
祝你們幸福。

只要在大雄身上貼上S……
在胖虎身上也貼S……
那傢伙就絕對無法靠近我了。
傻瓜！在街上亂晃沒關係嗎？
沒關係。
胖虎說要把你五馬分屍耶！
那就試試看啊！
喔？這下有趣了。
要是讓他遇上胖虎會怎樣呢？
我要把他五馬分屍，讓他不成人形!!
那個畜生上哪去了？
什麼？
在那裡嗎？
好！

喂！站住!!
來了！
認命吧～
咦？靠近了？
徽章呢？
還沒貼上嗎？
他在這裡啊！
※彈開
唔嘎!!
貼
ピョン
趕上了。
※彈開
可惡！可惡!!
ピョ
ピョ
ピョ
那傢伙動作真快耶！

呼~
呼~
呼~
這徽章應該還有其他用法吧？
你要我借你更多徽章？
你要幹什麼？
不可以搗蛋喔！
是要用在好地方的！嘻嘻嘻……
有了!!
貼上N吧！
ペタ
※拉緊
グイッ
哇！

※拉、拉
呼呼呼！這次不會被彈開了吧！
ピン ピン
※斷裂
プチ
※咻～
ピュン
「N・S徽章」的力量真大。
貼上了。
※彈開
ピョン
弄錯了，應該貼這個才對。
?
?
?
※彈開
ピョン ピョン
住手啊！
對了，我換掉就行了。
拿不下來!!
脫掉吧！

靜香，已經沒問題了。
你在哪裡啊？
ピクピク
フラフラフラ～
※搖搖晃晃、昏昏沉沉
ヌウ
※飄浮
哆啦A夢，快把他弄開啊！
ピタリ
※貼著
真是奇怪的傢伙。

實驗 26 製作電磁鐵

困難度 ●●○

電磁鐵和馬達

鐵釘繞上漆包線並通電後，就變成電磁鐵了！能夠吸起鐵喔！

準備物品

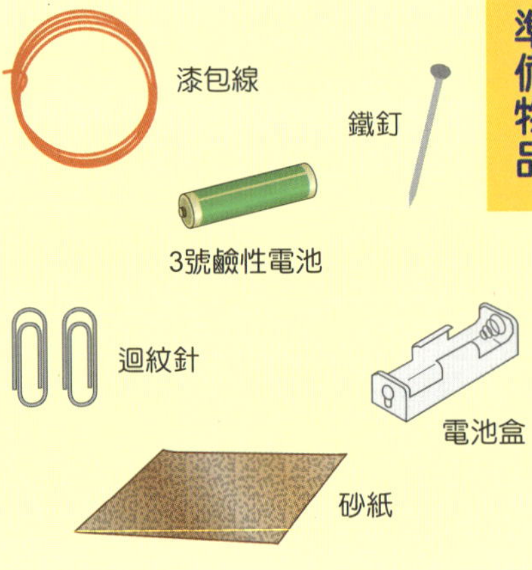

做法

1 以漆包線在鐵釘上纏繞大約五十圈。

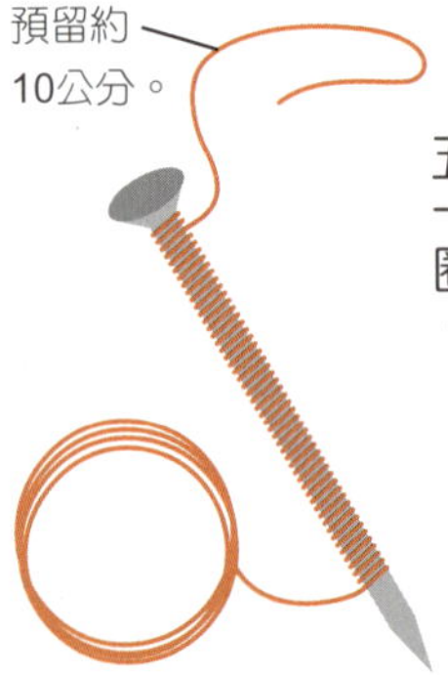

※漆包線要纏繞整齊，不要有缺口。

2 漆包線的兩端約3公分長的部分用砂紙將漆磨掉。

磨掉外層的漆之後，裡面的金色銅線就會露出來。

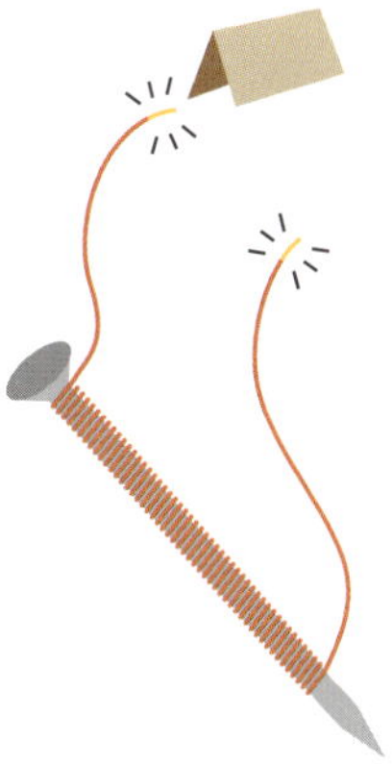

3 將漆包線的兩端連在電池盒上。裝入電池，鐵釘就會變磁鐵，可以吸起迴紋針。

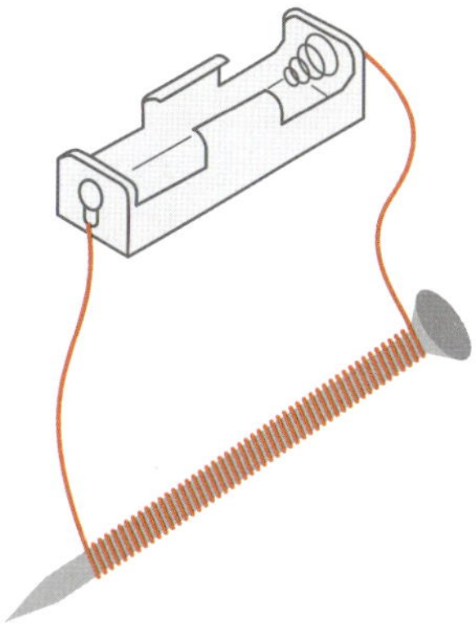

注意 長時間連接著電池，漆包線和電池都會發燙，因此實驗結束後，一定要將電池拔除。

試一試

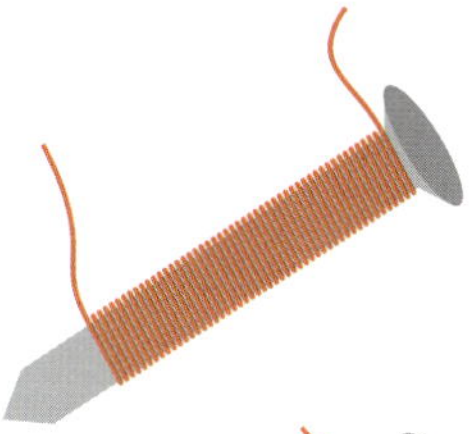

改用粗鐵釘

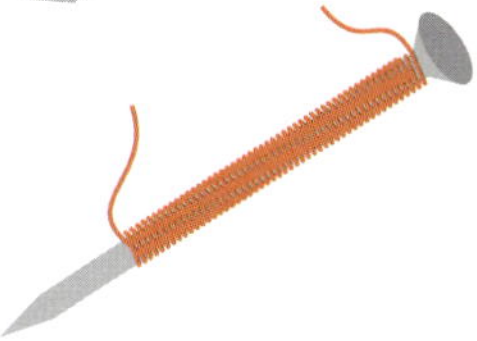

增加漆包線纏繞的圈數。

假如改變中心的鐵釘粗細，情況會變得如何？假如把漆包線纏繞的圈數增為兩倍，情況又會是如何？各位試試多花點心思，做出磁力強大的電磁鐵吧。

為什麼會變成磁鐵？

電流通過銅線（漆包線），電流四周就會成為磁力作用的空間，也就是磁場。

銅線纏繞出來的東西稱為「線圈」，線圈能夠加強磁力。在線圈內放入鐵，鐵也會變成磁鐵，使得磁力變得更強烈。

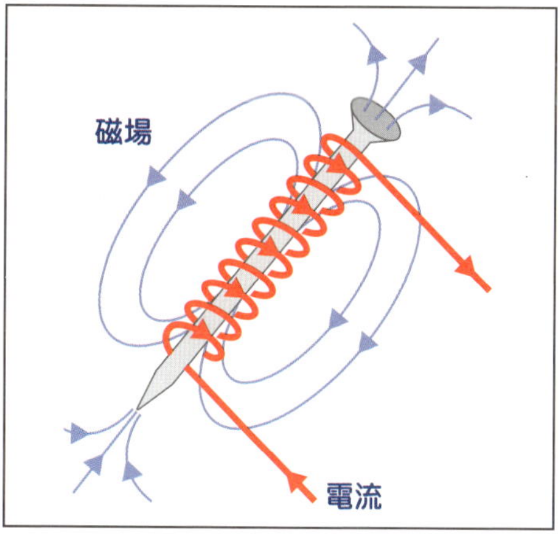

實驗 27

超簡單！製作法拉第馬達

困難度 ●●○

明明沒有用連接線連上電池，
圓環卻自己轉了起來！
一起來製作神奇的馬達吧！

準備物品

製圖用方格紙

鐵氧體磁鐵4顆

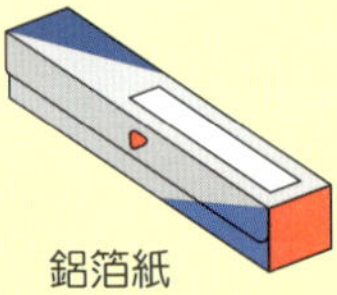

鋁箔紙

3號鹼性電池

透明膠帶

剪刀

圖釘
（金屬製品）

做法

1 將製圖用方格紙裁切成寬一公分、長二十一公分的長條形，用鋁箔紙包住。

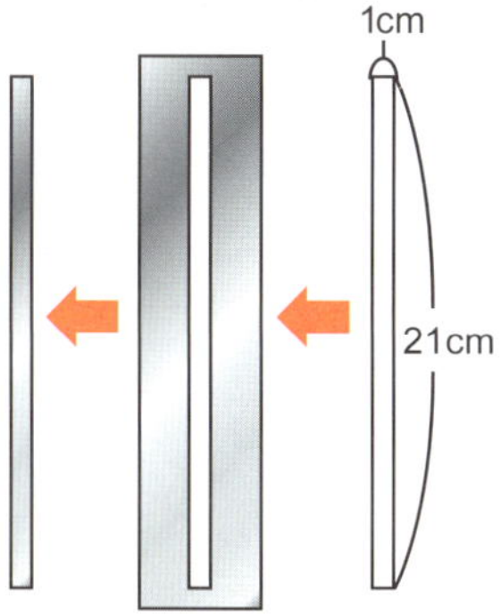

2 兩端相接做成一個圓環，用透明膠帶固定。

做成直徑約6公分的圓環。製作圓環時，可捲在直徑差不多的圓罐或寶特瓶上，這樣更容易操作。

3 把四個磁鐵疊合，用鋁箔紙包住。

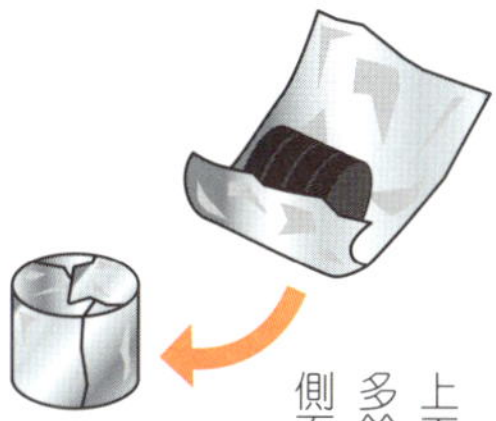

上下盡量包裹平整。多餘的鋁箔紙整理在側面。

4 將3號鹼性電池正極朝上，放在磁鐵上面，電池上面再放圖釘。

放在磁鐵上的電池會變成磁鐵，所以會吸住圖釘。

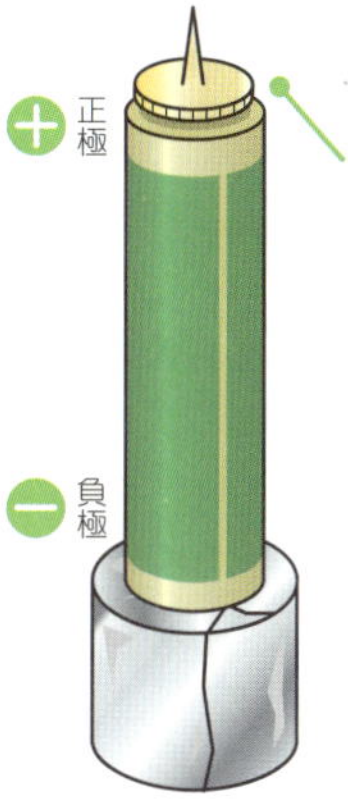

注意 小心別被圖釘刺傷。

5 把**2**的圓環擺在圖釘尖端。

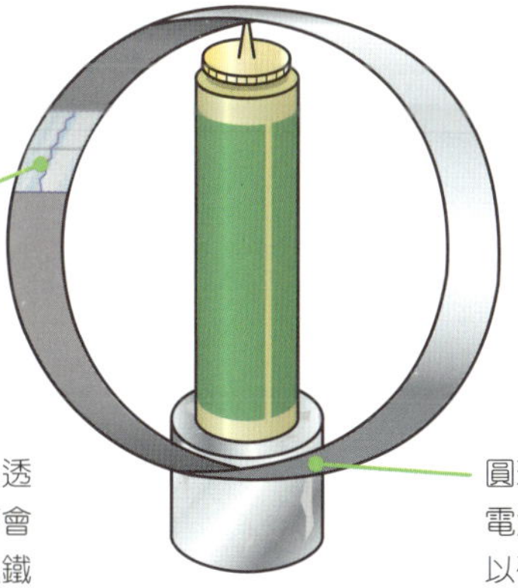

圓環下面要比電池略低，可以碰到磁鐵是關鍵。

擺放圓環時，透明膠帶要在不會碰到圖釘和磁鐵的位置。

注意 如果圓環停止轉動，請檢查一下鋁箔紙是否被圖釘劃破，或圓環是否偏離了圖釘尖端。此外，這項實驗會快速消耗電池的電力，所以也可以檢查一下電池是否沒電了。

實驗 28 製作迴紋針馬達

困難度 ●●●

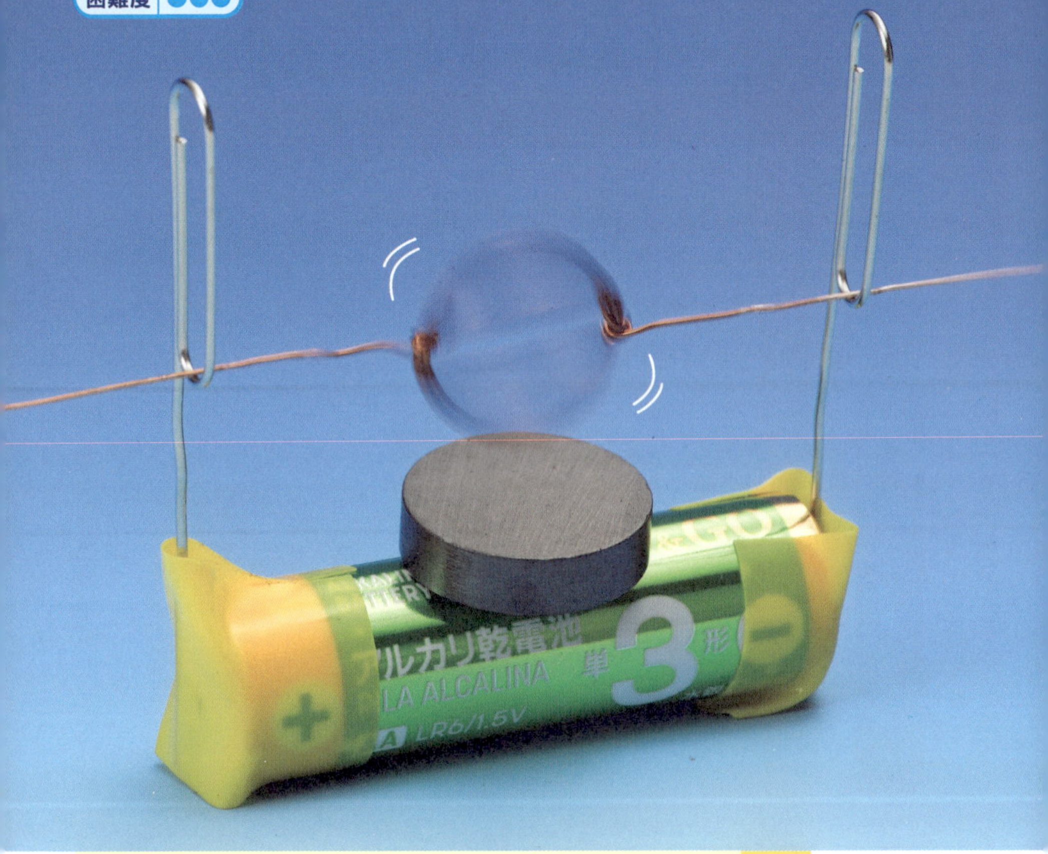

用漆包線繞成的圓圈在旋轉！迴紋針馬達就是最基本的馬達喔。

準備物品

漆包線（直徑0.4公釐）

鐵氧體磁鐵1顆

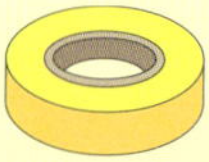

絕緣膠帶

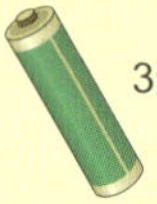

3號電池

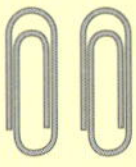

迴紋針2個（小）

砂紙

如果有會更方便

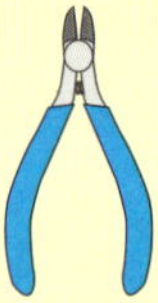

斜口鉗

尖嘴鉗

（用來剪斷漆包線）

做法

1 漆包線預留5公分，纏繞電池約5圈。

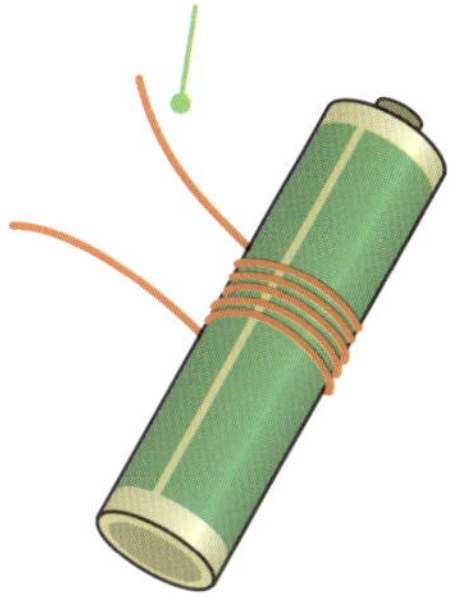
另一端也留下約5公分。

2 從電池拿下漆包線，兩條5公分的直線各在圓圈上繞2圈固定。

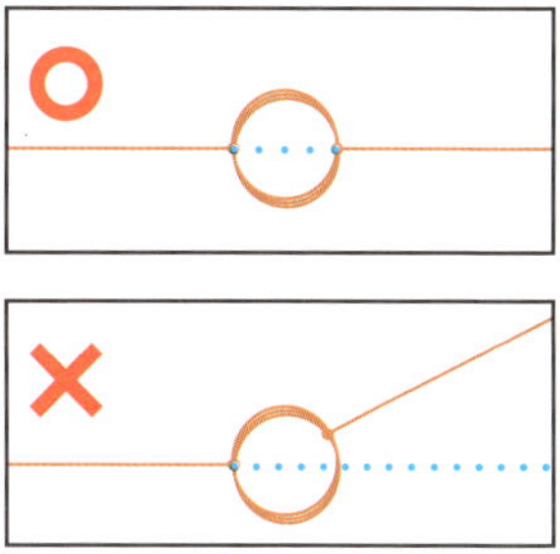

※漆包線的中軸要成一直線，不可以偏移。

3 用砂紙磨掉漆包線兩端外層的漆。

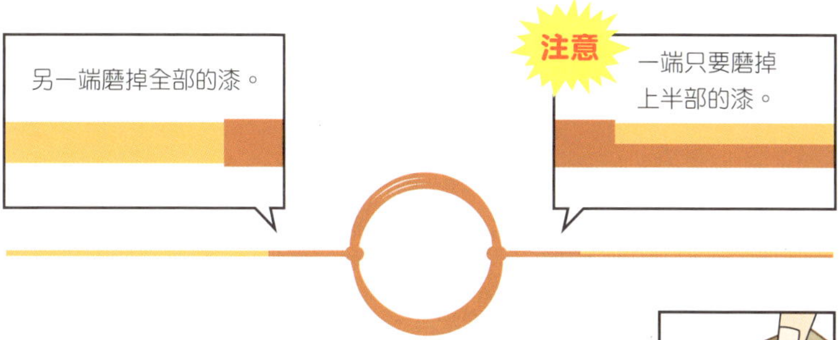
注意
一端只要磨掉上半部的漆。
另一端磨掉全部的漆。

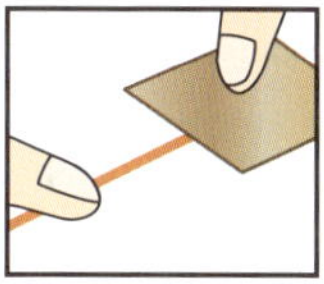

※如果兩端都磨掉全部的漆，圓圈就不會轉動了。其中一端只需要磨掉一半時，把漆包線放在平坦的地方確實壓好，拿砂紙磨掉上半部即可。

4 把兩個迴紋針像圖中那樣將前端拉直。

徒手拉開也可以，不過使用尖嘴鉗會更輕鬆。

5 用絕緣膠帶把迴紋針固定在電池的⊕和⊖上。

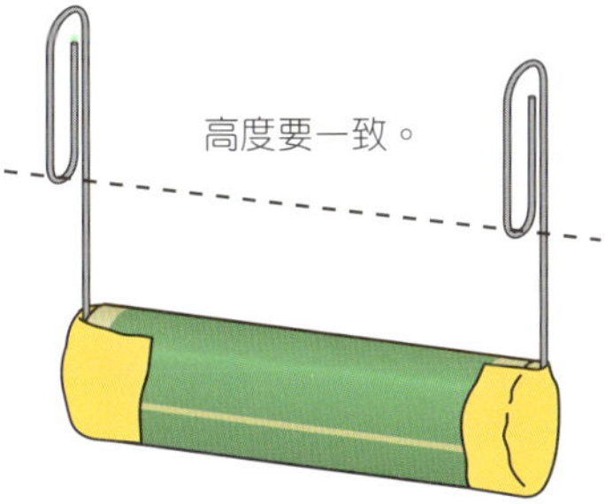
高度要一致。

從側面看過去，檢查兩個迴紋針是否在同樣位置上。

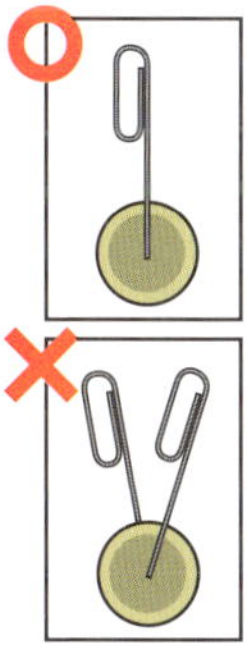

說明請見下一頁

6

磁鐵擺在電池上，漆包線的中軸穿過迴紋針掛著，如果沒有自動旋轉，就用手指輕彈，讓圓圈開始轉動。

線圈會不停旋轉喔！

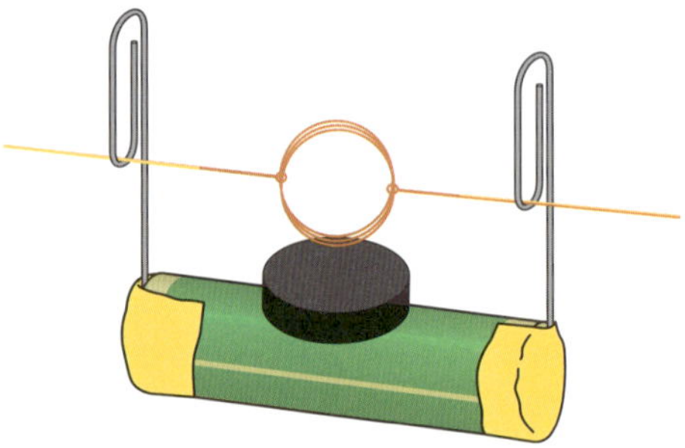

注意

長時間相連著，漆包線的線圈會發燙，因此實驗結束後，一定要拆掉磁鐵和線圈。

為什麼通電就會動？

如同一六七頁當中的說明，電流通過就會形成磁力作用的空間，也就是磁場。這個磁場與鐵氧體磁鐵的磁場互相作用，因此圓圈就動了起來。

這一個原理基本上與磁鐵的S極和N極「異極相吸、同極相斥」的道理一樣。

法拉第馬達轉動的原理

鋁箔紙和圖釘都導電，因此圓圈下側碰到包著磁鐵的鋁箔紙時，就會通電。此時，圓圈受到磁場的力影響而旋轉。

圓圈一旋轉，下側就會離開電池下方的鋁箔紙，但是轉動速度很快，再度接觸到下方的鋁箔紙時就會通電，圓圈又會再度旋轉。這樣反覆著，圓圈就會持續旋轉。

【注意】這個電流的流向會縮短電池壽命，因此電池很快就會沒電。

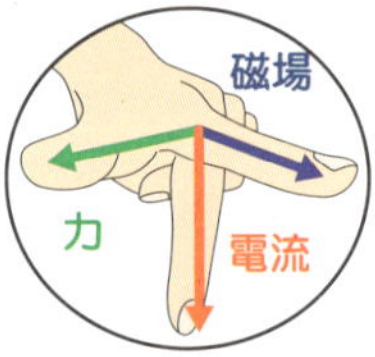

▲電流、磁場與力的方向關係。方向變得像圖中那樣，因此稱為「弗萊明左手定則」。

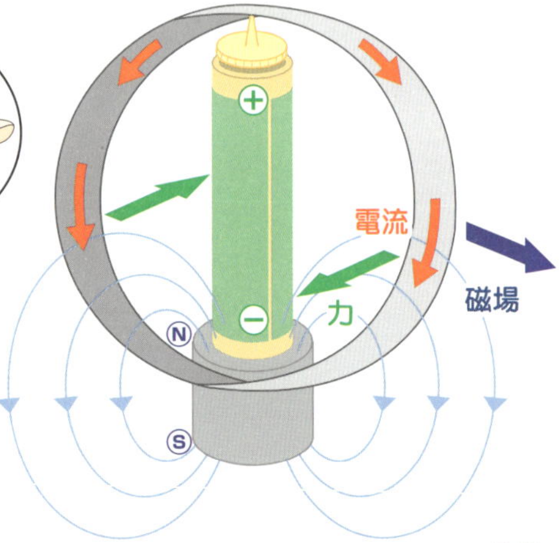

迴紋針馬達轉動的原理

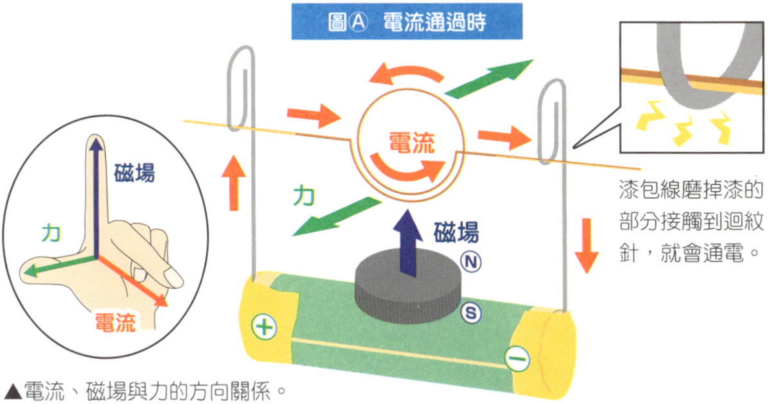

▲電流、磁場與力的方向關係。

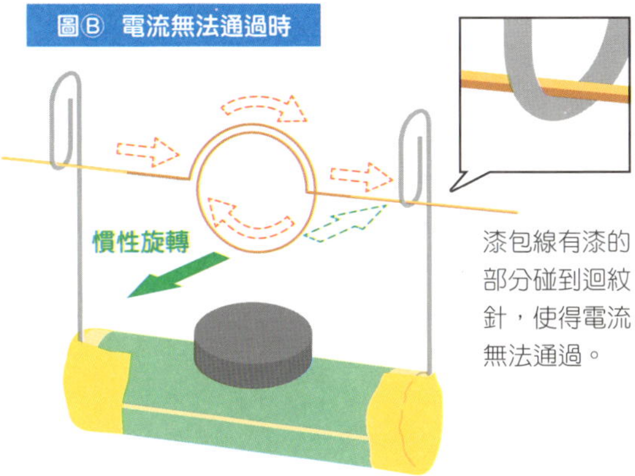

來自電池的電流方向，如圖Ⓐ所示，在線圈的上側和下側是相反。

電流通過線圈後，線圈受到磁場的力影響而旋轉（圖Ⓐ）。但是轉了半圈後，漆包線沒有磨掉漆的部分碰到迴紋針，所以電流無法通過線圈（圖Ⓑ）。

可是線圈仍然會依運動慣性旋轉，繞了半圈後，磨掉漆的部分再度碰到迴紋針，電流又能夠通過，所以線圈受力旋轉。於是，線圈就是這樣反覆持續旋轉。

關鍵在於，其中一側的漆包線只有磨掉半邊漆。假如兩側的漆全部磨掉，在圖Ⓑ的狀態電流仍舊會通過，電流的流向就會變得與圖Ⓐ相反（圖Ⓑ的紅色虛線箭號），這麼一來，力的方向也變成相反（圖Ⓑ的綠色虛線箭號），線圈就會停止旋轉。

一般馬達基本上也是與這個裝置的構造相同，必須切換旋轉，避免電流流向相反。

靠電力驅動的機械幾乎都有馬達

如今在我們日常生活中，靠電力驅動的機械裡頭，幾乎都有使用馬達。電風扇、洗衣機等會旋轉的機械是如此，讓冰箱、空調、影印機，以及汽車的各部分動起來，還有讓電玩主機和智慧型手機振動的，也都是馬達。

而這個在現代生活中不可或缺的馬達，是在大約兩百年前發明的喔。

▲麥可·法拉第的肖像畫。原本家境貧困的法拉第，十三歲起就在書本裝訂店工作，在那兒接觸到書，因此對科學產生興趣，開始自行做實驗。成為科學家之後，也致力於把科學知識傳授給一般民眾和孩童。

影像來源／Thomas Phillips

馬達的發明

一八二〇年丹麥物理學家奧斯特，注意到電池接上導線通電時，附近的指南針指針動了起來。就這樣，他發現電流流動時會產生磁場，引起了當時許多科學家的興趣。

其中一位就是英國科學家麥可·法拉第。一八二一年，他製作出通電旋轉的裝置。這個裝置用到的是裝了汞（俗稱水銀）的容器、磁鐵棒、鐵絲。裝置如下圖，電流一通過汞，一側的鐵絲會繞著磁鐵棒轉，另一側是

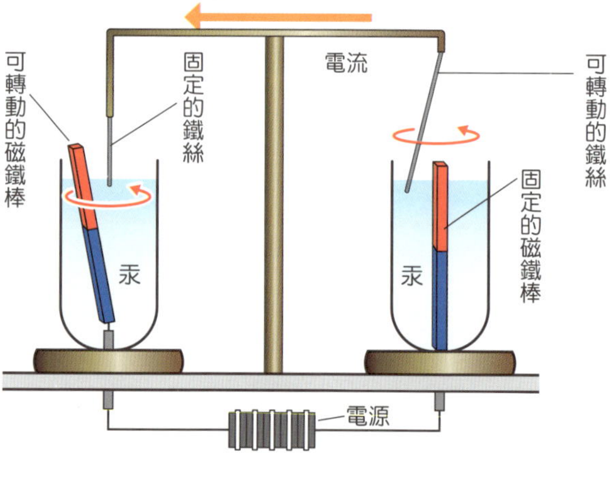

▶法拉第的裝置構造。電流一通過，左邊的磁鐵和右邊的鐵絲就會旋轉。

磁鐵棒繞著鐵絲轉。這就是世界上第一個馬達。

發明出製造電的發電機

後來，法拉第更進一步思考：「既然電會產生磁力，那是不是也能反過來，用磁力製造電呢？」於是他在一八三一年發現讓金屬圓盤在垂直於磁場的平面上旋轉時，圓盤中心與邊緣會產生電壓。

法國人皮克希利用這個原理，在一八三二年製作出手搖發電機，這是世界第一個發電機。現代的發電廠（火力、水力、風力等）也是利用與此構造相似的大型發電機在製造電力喔。

馬達與發電機的原理

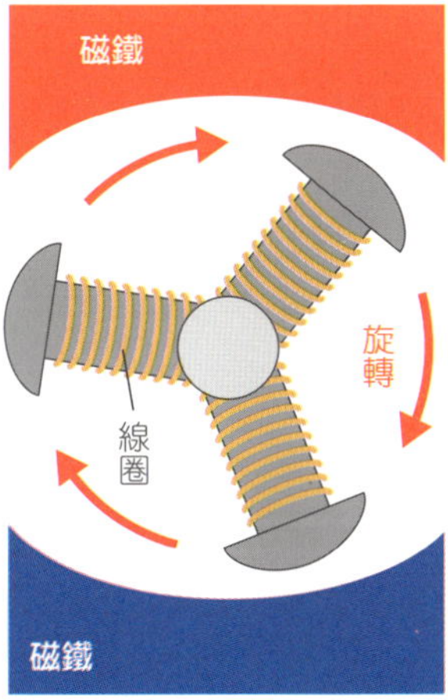

▲馬達與發電機的構造基本上相同，裡面有磁鐵和線圈。線圈通電後旋轉的是馬達；相反的，線圈旋轉產生電的是發電機。（圖中是以一般的三相馬達為例。線圈成 Y 字型，所以磁場、電流和力的作用會更順暢。）

電磁鐵也有大幅度的發展

與馬達和發電機同樣不可或缺的就是電磁鐵。在厄斯特的發現後，電磁鐵的研究也有長足的進展。

一八二五年，英國物理學家斯特金在鐵棒四周繞上好幾圈電線做成線圈，因此發現磁力很強的電磁鐵。後來美國科學家約瑟夫．亨利注意到增加電線圈數，磁力會更強，因而成功舉起重約三百四十公斤的物體。

現在，電磁鐵除了用在馬達和發電機之外，工業用重機具也經常應用其強大的磁力舉起笨重的鐵。

▲一次吸起大量鐵的電磁怪手。只要關掉電源就能放下鐵，也是電磁鐵的好處。

照片：住友重機械工業股份有限公司

夜晚的天空星光閃爍

一到了夜晚，我走出山中小屋，突然嚇了一大跳。
整片天空都是星星!!
從這邊到那邊，到處都充滿了星星!!
星空我平常就在看啊！
你這個笨蛋!!
那跟你所看到的星空感覺完全不同!!
現在的大都市，天空都太亮，所以只能看到零星的幾顆大星星而已。
嗯～對呀！
我曾在夏威夷海邊的遊艇上眺望過星空，那一幕我永遠也忘不了。
你說什麼？山上看到的星星比海邊還多，因為那裡離天空比較近。

我知道啦！胖虎是第一名，我是第二名。
你知道就好。
在城市裡只能看到稀少星星的傢伙，
你不覺得真的很可憐嗎？
被他們這麼一說，我突然覺得自己變得很可憐……
啊！我好想看看真正的星空喔！
真老實的小孩……
那麼，我們就在附近製造星星吧！
製造星星!?
「摘星網和榔頭」。
先去捉星星吧！
？
你試著用力用榔頭敲水泥塊看看，

※颯～
※喀鏘
※刷
抓到三個了。
啊！
變得越來越圓了。
先測試看看。
用「空間黏著劑」……
把窗簾拉上。
哇啊！好漂亮喔……
不過，在這裡製造星空，空間太小了。

※鏘、鏘

今天的夜空似乎很陰暗的樣子，
我們到空地去製造星空吧！
必須要收集很多星星才可以。
チンカン
チンカン
到空地去！
先參考星座圖……
那邊是英仙座……
再往左邊一點……
它的隔壁是二等星，所以要放大顆的星星。
零碎的星星等一下留著做銀河的時候用。

從那邊往東南前進，來做御夫座吧！
啊！那是一等星，所以要用更大顆的星星才可以。
那是二等星。
沒有更大顆的星星嗎？
煩死人了!!意見這麼多，你自己找給我啊!!
沒有適合的。
你敲擊的方式太弱了，要再用力一點才能捕捉到大顆的星星。
喝啊!!
※匡
再用力點好不好？
啊～還要啊!?
※鏘鏘鏘
還是太小了。
我的手已經麻了！

先休息一下吧！
靜香。
今晚我會讓你看到很棒的星空喔！
胖虎說的情景根本不成問題。
你說什麼不成問題啊？
嗯!?
※拳打腳踢
ドカ
※颯、颯
サッ
サッ
真開心！我捕捉到一等星了。
那等天色暗了，你就到空地來吧！

太好了，這樣一來跟從地球上看到的星星一模一樣了。
剩下的零碎小星星，你就隨便撒一撒，把它變成銀河吧！
怎麼樣？
我想在外太空看到的星空，一定是像這樣的感覺吧！
我第一次看到這樣的星空。
好漂亮喔……
怎麼樣？比夏威夷海邊看到的更棒吧！
胖虎！
什麼？星光閃閃的星空!?
大雄那傢伙竟敢那麼囂張!!

看我把星星打下來。
啊！有流星。
※匡、匡
ガン
ガン
※匡、匡、匡
好痛喔!!
救命啊～
ガー
ガン
ガン
那個星星是很用力敲水泥塊才產生出來的，所以累積了很多能量。

觀賞來自太空的宇宙射線

困難度 ●●●

※這張照片是由五張實際影像合成而成。

你認為上方照片中的那些白線是什麼呢？答案是，那是「宇宙射線」從太空來到地球所留下的痕跡。

宇宙射線是持續不停大量的從太空降下地球，穿過岩石、地面和我們的身體，但我們通常無法感覺到、也無法看到宇宙射線。

不過，只要使用稱為「雲霧室」的實驗裝置，就能看見宇宙射線通過的痕跡。

上面的照片也是實際透過雲霧室看到的痕跡。各位可以參考下一頁的方法，動手製作雲霧室，親自找出宇宙射線通過的痕跡吧。

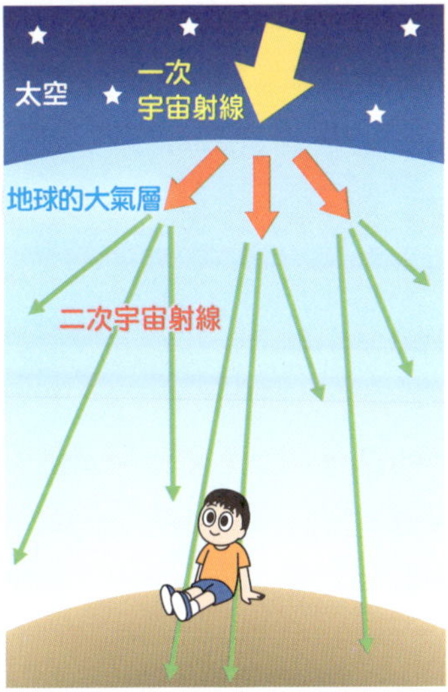

▲從太空來到地球的一次宇宙射線，撞到地球的大氣層之後，產生二次宇宙射線，像淋浴般降落，也有很多穿過我們的身體。

實驗 29

製作宇宙射線觀測裝置

困難度 ●●●

製作「雲霧室」裝置，試著在桌面上捕捉宇宙射線。

這項實驗會用到乾冰，所以一定要有大人陪同喔。

準備物品

透明文件夾1個（A4尺寸）

黑色圖畫紙2張

無水酒精

※化工材料行可以買到。

乾冰500公克（片狀）

※可在乾冰行、冰塊店買到。

注意 絕對不可以徒手觸摸乾冰，以免凍傷。一定要戴上乾燥的棉紗工作手套才可以觸摸。

乾燥的棉紗工作手套

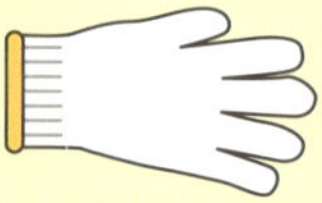

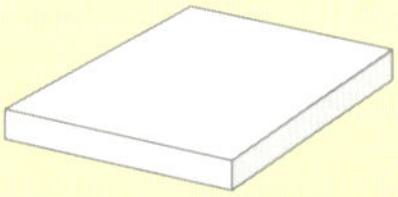

保麗龍板或報紙數張

滴管

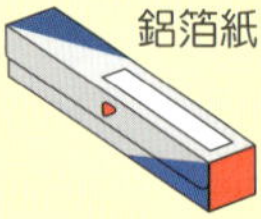

鋁箔紙

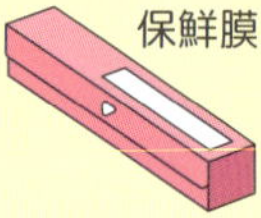

保鮮膜

白色LED手電筒

※在生活用品店可買到的小型手電筒就行了。

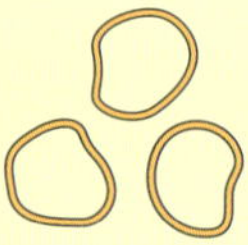

橡皮筋3條

- 圓規
- 釘書機
- 量杯
- 直尺
- 剪刀

做法

1 透明文件夾裁切成兩張長31公分、寬10公分大小的長條。

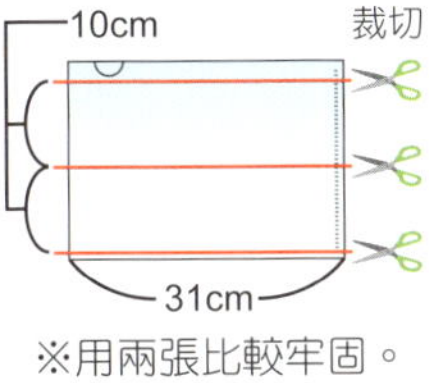

2 把兩張透明文件夾疊合捲起，然後用釘書機固定，做成圓筒狀。

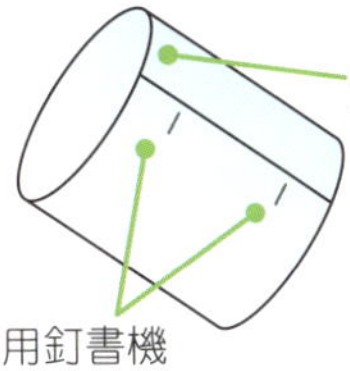

3 黑色圖畫紙裁切成長32公分、寬9.5公分的長方形，圈起後放入4的內側。

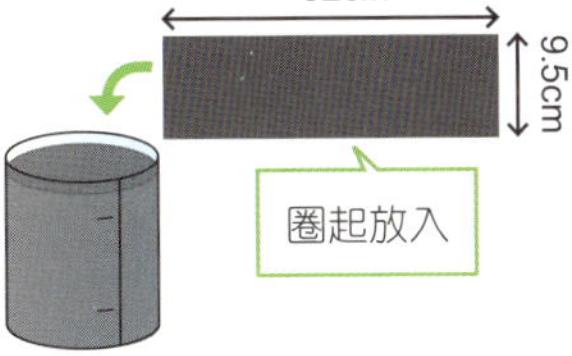

4 用圓規在黑色圖畫紙上畫出半徑4.8公分和半徑6.5公分的圓形，沿著外側的線剪下，接著拿剪刀從外緣剪到內側的圓形線為止。

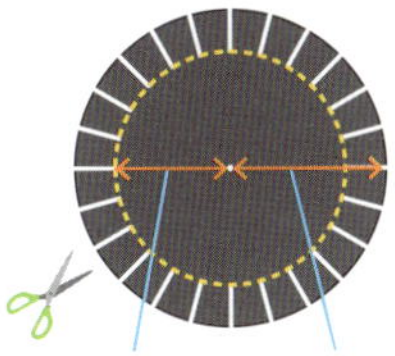

5 把4按照下圖折好後，當作圓筒的底部。

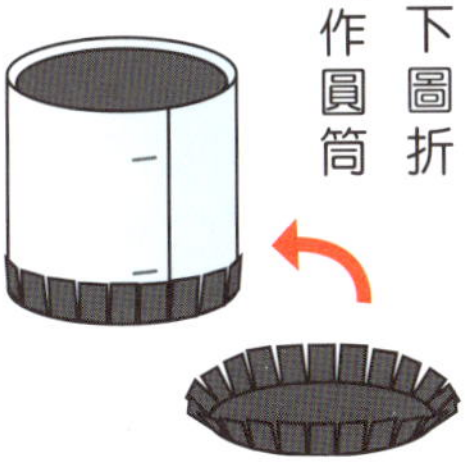

6 底部套上保鮮膜，用橡皮筋固定。外面再蓋上鋁箔紙，同樣用橡皮筋固定。

7 在6裡面倒入25毫升的無水酒精。圓筒內側的黑色圖畫紙也用滴管滴上無水酒精，不要遺漏任何地方。

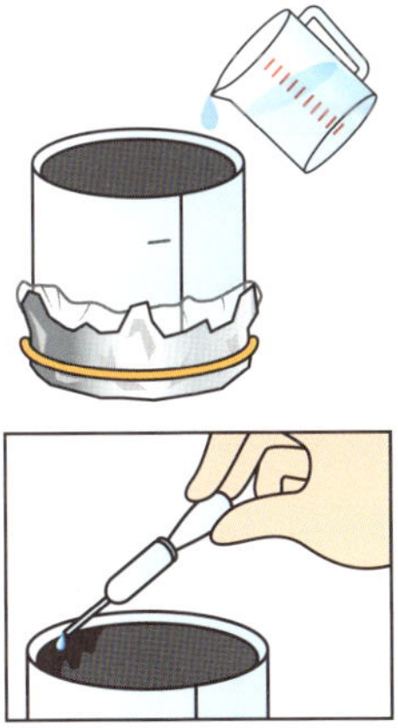

8 蓋上保鮮膜當上蓋，用橡皮筋固定。保鮮膜要緊繃平整。

裝置完成！

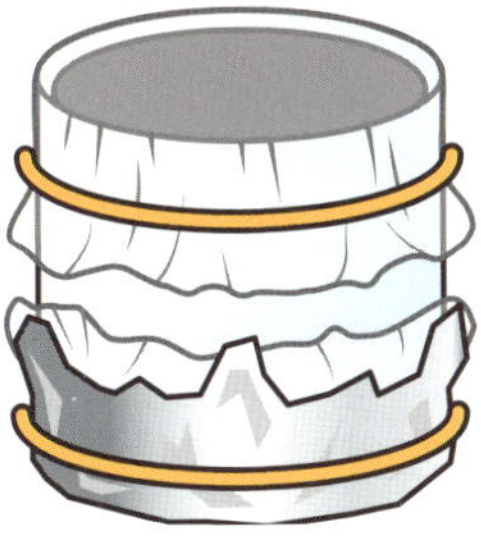

說明請見下一頁

做法

1 在桌面上先鋪好保麗龍板或幾張報紙，放上乾冰，將裝置擺在乾冰上。

注意 絕對不可以徒手觸碰乾冰。需要觸碰時，請戴上乾燥的棉紗工作手套。

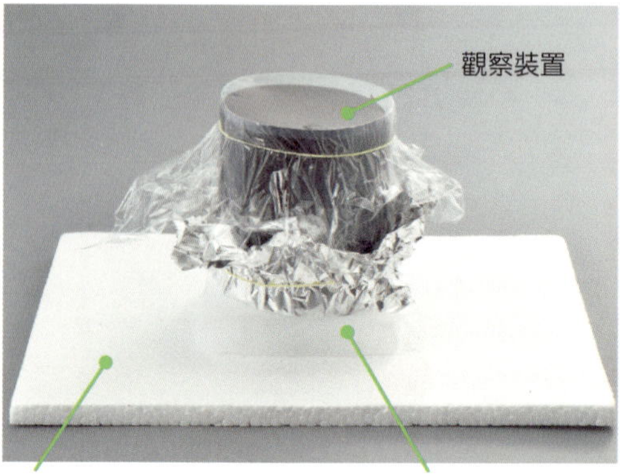

2 靜待大約10分鐘。關上照明讓房裡變得一片漆黑之後，從圓筒上方用白色LED手電筒向著裝置裡面照射。可在裡面看見白霧。

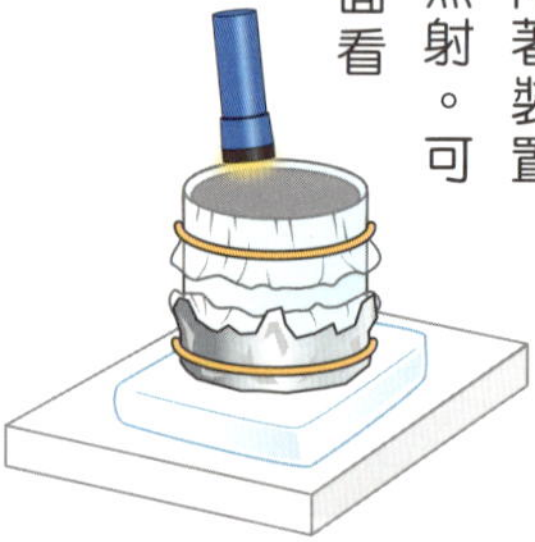

3 在靠近底部的地方可以看到類似飛機雲的白線，咻的快速閃現又消失。那就是宇宙射線經過的痕跡。

到這裡看影片！

各位可以在影片裡看到宇宙射線通過的痕跡喔。請掃QR code確認！

（影片製作：山本海行老師）

注意

※乾冰的溫度低達攝氏零下七十八點五度，非常低溫，徒手觸碰很可能會凍傷，因此一定要戴上乾燥的棉紗工作手套。假如戴著溼手套去觸摸，也會有凍傷的危險。

※觸碰到灑在乾冰上的無水酒精，很可能會凍傷。

※無水酒精容易著火，所以做實驗時請務必遠離火源。

※避免無水酒精接觸到嘴巴和眼睛。

廢棄物如何處理

- 乾冰可以放在通風良好的地方等待它自然昇華。也可以放入水裡加速昇華。乾冰昇華後會變成二氧化碳。請勿讓乾冰在密閉的室內昇華。
- 無水酒精和酒類的酒精一樣，所以可倒入廚房流理台加水稀釋後沖掉。無水酒精容易起火，所以不可以未經稀釋就倒掉。

※這一項實驗是參考林熙崇老師的構思，由山本海行老師和小林真理子老師改良過的簡易版本。

為什麼可以用雲霧室觀察宇宙射線通過的痕跡？

利用雲霧室把宇宙射線通過的痕跡變成可以看見的白線，這原理與飛機雲形成的原理相似。

飄浮在天空中的白雲，是由大量微小的水滴和冰晶聚集而成，呈現為我們看見的白雲。大氣中充滿許多我們肉眼看不見的水蒸氣，而空氣中的水蒸氣含量，會隨著氣溫降低而減少。飛機飛行的高空氣溫非常低，水蒸氣難以繼續維持氣體狀態，會凝結成水滴。因此，飛機通過後，水蒸氣會冷凝在引擎排放的氣體微粒上，形成我們看到的白色飛機雲。

▲飛機通過的地方出現飛機雲。

雲霧室的原理跟飛機雲相似。乾冰的溫度極低，約為攝氏零下七十八點五度，因此擺在乾冰上的雲霧室，越靠近底部的溫度越低。雲霧室裡的無水酒精會蒸發成氣體，但是在溫度較低的底部，部分酒精無法維持氣體狀態，凝結成微小的液滴，形成我們看到的霧。當宇宙射線穿過雲霧室，會使空氣中微小粒子帶電，進而吸引無水酒精的氣體分子集結，凝結成液滴，就形成了類似飛機雲的白線軌跡。

雲霧室的原理

（從側面看過去）

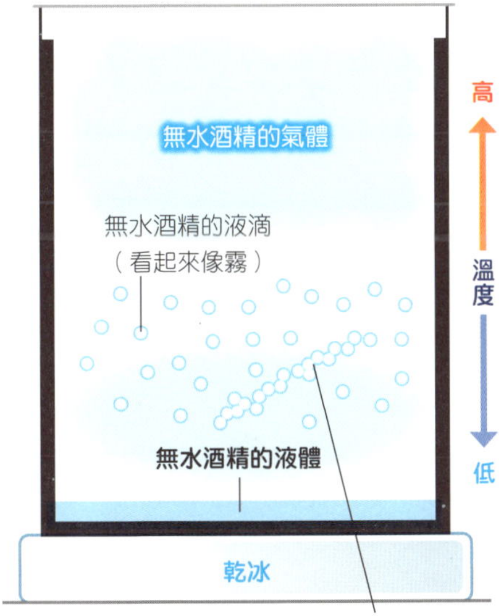

宇宙射線通過的地方出現白色軌跡。

從宇宙射線可以了解什麼？

宇宙射線的真面目是在太空中穿梭、攜帶巨大能量的微小粒子。於一九一二年被發現，至今已經超過一百年。這些攜帶巨大能量的粒子也被稱為「輻射」，過去已知會從地球的岩石和地底釋放出來。然而，透過氣球檢測地球上空的輻射量之後發現，輻射不只來自於地面，也會從太空降落到地球上。

宇宙射線的來源包括太陽及更遙遠的宇宙深處。質量巨大的恆星死亡時，會發生「超新星爆炸」，產生大量的宇宙射線，並傳送到地球來。透過研究宇宙射線，我們或許就能揭開宇宙中發生的事件，以及過去的演變。

這是被稱為「仙后座A」的超新星爆炸殘骸。

透過宇宙射線，我們不僅能夠得知太空中的情況，還能幫助我們探測地球的奧祕。其中一種稱為「緲子」的宇宙射線，具有極強的穿透力，能穿過大多數的物質，但也有些物質不易穿透。只要利用這項特性，我們就能夠探測到肉眼無法看見的建築物內部，或是地底下的結構。事實上，「緲子」已經被應用在火山內部、地下斷層等的探測工作，甚至揭開了埃及金字塔內部存在的隱藏空間。緲子有助於人類探測難以進入的區域。

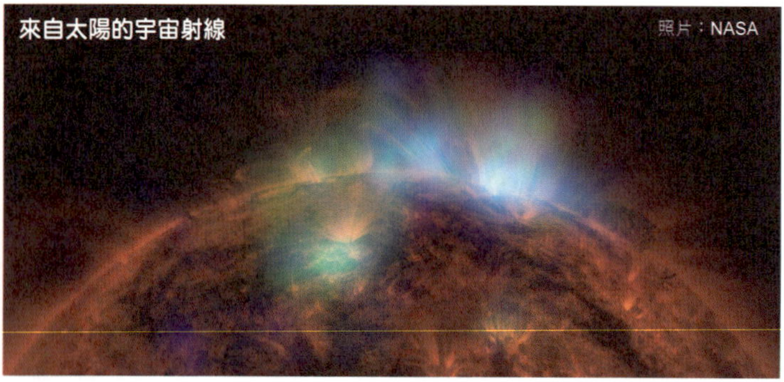

觀測太陽釋放之宇宙射線的裝置拍到的影像。

獲得諾貝爾物理學獎的雲霧室

雲霧室是在一八九七年由英國物理學家查爾斯．威爾遜所發明（故又稱為「威爾遜雲霧室」）。當初是為了製造雲霧而開發，但在實驗途中，威爾遜發現雲霧室能看見放射線通過的痕跡。他也因為雲霧室的發明，獲得了一九二七年的諾貝爾物理學獎。在那之後雲霧室對於宇宙射線的觀測有卓越的貢獻。

日本科學家以宇宙射線的微中子觀測獲得諾貝爾獎

日本也非常致力於宇宙射線的觀測。岐阜縣的山上有一座專門用來觀測宇宙射線的巨型觀測裝置，名為「超級神岡探測器」。

一九八七年，物理學家小柴昌俊博士曾使用「超級神岡探測器」的前一代裝置「神岡探測器」，捕捉到超新星爆炸後產生的微中子輻射，這在當時是全球的創舉。而博士也因此在二〇〇二年獲頒諾貝爾物理學獎。

在那之後，於一九九八年，物理學家梶田隆章博士使用「超級神岡探測器」發現微中子有質量，因而獲得了二〇一五年的諾貝爾物理學獎。

超級神岡探測器的內部。微中子一通過，就能觀察到特別的光。
Kamioka Observatory, ICRR(Institute for Cosmic Ray Research), The University of Tokyo

科學家們對於日常生活中的現象感到不可思議，想要知道為什麼會發生那種現象，於是迫不及待的做起各種實驗。做實驗可以得知許多答案，而且過程很有趣。經由各種實驗，誕生出許多發現與發明，我們的文明也因此逐漸發展到今天的樣子。

希望各位也能享受做實驗的樂趣，這種快樂一定能為你們開拓光明的未來。

哆啦A夢天才小達人③

科學實驗好神奇

●漫畫／藤子・F・不二雄
●原書名／ドラえもん学びワールド special —— わくわく科学実験
●日文版審訂／Fujiko Pro、田中裕基（日本多摩六都科學館）
●日文版撰文／山田 Fushigi　●攝影／岡本好明（Freesection）
●日文版版面設計／大澤洋二、久田惠、二見和花（Craps）
●日文版封面設計／有泉勝一（Timemachine）　●插圖／Tanaka Design
●日文版編輯／渡邊朗典

●翻譯／黃薇嬪
●台灣版審訂／鄭永銘

發行人／王榮文
出版發行／遠流出版事業股份有限公司
地址：104005 台北市中山北路一段 11 號 13 樓
電話：(02)2571-0297　傳真：(02)2571-0197　郵撥：0189456-1
著作權顧問／蕭雄淋律師

[參考文獻、網頁]
《ALESSANDRO VOLTA and the Electric Battery》（BERN DIBNER 著）、《你看到宇宙射線了嗎？用雲霧室觀測宇宙射線！》（山本海行、小林真理子著／假說社）、《光學的知識》（山田幸五郎著／東京電機大學出版局）、《Eyewitness Science Vol.1 Electricity》（史蒂夫・帕克著／東京書籍）、《新・法拉第傳～ 19 世紀的科學教導我們什麼？》（井上勝也著／研成社）、《新譯・丹尼曼大自然科學史》（安田德太郎譯／三省堂編著）、《中學生理科的自由研究》（山田 Fushigi 著／成美堂出版）、《哆啦 A 夢不可思議的科學》、《哆啦 A 夢更不可思議的科學》、《哆啦 A 夢不可思議的科學歷史篇：大江戶科學博》（小學館）、《牛頓與重力》（P.M. Rattansi 著、吉仲正和譯／玉川大學出版部）、《貓也想知道！地球和宇宙的自由研究》（山田 Fushigi 著／天文、宇宙、航空廣報聯絡會）、《物理科學的宗旨 4：電、磁力與光》（小出昭一郎審訂、本田建譯／共立出版）、《法拉第：天才科學家的軌跡》（J. M. Thomas 著、千原秀昭、黑田玲子譯／東京化學同人）、《雪》（中谷宇吉郎著／岩波書店）、一般社團法人電池工業會、神岡宇宙基本粒子研究機構、東京理科大學

2025 年 7 月 1 日 初版一刷　2025 年 9 月 10 日 初版二刷
定價／新台幣 450 元（缺頁或破損的書，請寄回更換）

ISBN 978-626-418-252-2
遠流博識網 http://www.ylib.com　E-mail:ylib@ylib.com

◎日本小學館正式授權台灣中文版
●發行所／台灣小學館股份有限公司
●總經理／齋藤滿
●產品經理／黃馨瑝
●責任編輯／李宗幸
●美術編輯／蘇彩金

國家圖書館出版品預行編目 (CIP) 資料

科學實驗好神奇 / 日本小學館編輯撰文；藤子・F・不二雄漫畫；黃薇嬪翻譯 . -- 初版 . -- 台北市：遠流出版事業股份有限公司，2025.7
面；　公分 . --（哆啦 A 夢天才小達人；3）

譯自：ドラえもん学びワールド Special：わくわく科学実験
ISBN 978-626-418-252-2(平裝)

1.CST: 科學實驗　2.CST: 通俗作品

312　114007247

DORAEMON MANABI WORLD SPECIAL
—WAKUWAKU KAGAKU JIKKEN—
by FUJIKO F FUJIO

※ 本書為 2024 年日本小學館出版的《わくわく科学実験》台灣中文版，在台灣經重新審閱、編輯後發行，因此少部分內容與日文版不同，特此聲明。